JN262350

グリーンサイエンス

勝田 悟

法律文化社

は じ め に

　人類は，自然現象を解明し，科学技術を発展させ，現在の繁栄を得たが，人類を含む生態系全体の持続可能性を喪失させている。古代に銅の精錬が始まって以降，地中深くに埋まっていた大量の化学物質を地上に放出させ，自然の物質循環，エネルギー収支を変化させている。福島第一原子力発電所の事故では，ハザードが十分明確になっていない放射性物質が短時間で広い地域を汚染してしまい，社会的な混乱を引き起こしている。この問題は，同時に，エネルギー供給不足，莫大な経済的なダメージも発生させており，社会科学的な大きな問題となっている。これまでの自然科学の発展に関して，有益な面のみを見つめすぎてしまい，ネガティブな部分を十分に評価していなかったことが大きな要因である。これは，自然科学を研究開発している者だけの責任ではなく，むしろ政治，行政，司法，および経済など社会科学面から自然科学を推進していた者の責任の方が重いと思われる。これまでの環境汚染問題は同様な状況で有り，特に解決が難しい事項はこの傾向が大きい。

　生物学者であるレーチェル・カーソン女史は，1962年に米国のホートン・ミフリン社から出版した『沈黙の春』で農薬によって自然が破壊されていることへの警鐘をならしている。この本では，「化学薬品は，一面で人間生活にはかり知れぬ便益をもたらしたが，一面では，自然均衡のおそるべき破壊因子として作用する」と述べている。ただし，自然科学を否定しているわけではない。環境リスクに対して，十分注意して自然科学の知識を役立てていくことを主張していると考えられる。しかし，世界的な化学メーカーの多くや米国共和党は，そろって『沈黙の春』への批判を繰り返している。これに対し，米国第35代大統領の民主党ジョン・F・ケネディ（John Fitzgerald Kennedy）は，『沈黙の春』での主張を支持し，非常に有害性が高い有機塩素系の殺虫剤であるDDT（Dichloro Diphenyl Trichloroethane）の使用を禁止にした。この考え方は世界に広がり，日本を始め多くの国でも同様に使用が禁止となった。一方，大手化学メーカーは，DDT禁止によって世界中でマラリア感染が広がり多くの人々が亡くなったとして，その後もこの対策を非難している。2001～2009年に第43

代米国大統領を務めた共和党ジョージ・W・ブッシュ（George Walker Bush）も，大手化学メーカーと同様にDDT使用禁止を非難している。ただし，カーソンはDDTを使用禁止にすべきとは述べておらず，注意して使用することを主張しており，単純に賛成，反対といった立場で考えているわけではない。農薬使用を国際的に規制しているPOPs（Persistent Organic Pollutants）条約（残留性有機汚染物質に関するストックホルム条約）でも，DDTはマラリア感染対策に限定して使用が許可されており，化学技術の有効性を否定してはいない。

　また，カーソンは，「自然を支配するのではなく自らを律していかなければならない」とも述べており，自然の中に人間が生活しており，そのシステムから逸脱してしまうことを戒めている。科学または科学技術は，環境汚染などで人を苦しめるために研究，開発しているわけではない。再度，科学の基本である自然を見つめ直し，これからの科学のあり方を，法制度，経済システムなど社会科学面からも十分に，冷静に議論しなければならない。本書では，自然科学，社会科学の視点で，社会的な責任を踏まえて，今後のあり方の検討を試みた。

　なお，本書で用いるリスク［Risk］とは，ハザード［Hazard］×曝露［Exposure］と定義する（大きなハザードでも発生の頻度を小さくすれば，リスクは小さくなり，小さなハザードでも確率または頻度が上がるとリスクが大きくなるといった考え方をさす）。

　最後に，本書の出版に当たり大変お世話になった株式会社法律文化社取締役編集企画担当秋山泰氏，取締役営業企画担当畑光氏に感謝するしだいである。

2012年5月

勝田　悟

目　　次

はじめに

第1章　科学の発展と環境 …………………………………… 1

1・1　自然の利用 ……………………………………………… 1
1・1・1　グリーン (1)　　1・1・2　サイエンス (5)

1・2　科学の細分化 …………………………………………… 6
1・2・1　科学のマネジメント (6)　　1・2・2　原子核分裂の研究 (7)
1・2・3　原子エネルギーの利用 (8)

1・3　科学的証明と賢者の石 ………………………………… 11
1・3・1　発　展 (11)　　1・3・2　科学の影 (12)

1・4　自然科学と社会科学 …………………………………… 15
1・4・1　自然科学発展と社会への影響 (15)　　1・4・2　環境変化と社会的受容 (16)

1・5　自然の考察 ……………………………………………… 18
1・5・1　生態系の創造と破壊 (18)　　1・5・2　柔軟な理解と強硬な壁 (21)

第2章　高度な技術 …………………………………………… 27

2・1　科学の限界——不十分な知見 ………………………… 27
2・1・1　技術予測と評価 (27)　　2・1・2　知見不足 (30)

2・2　資源循環 ………………………………………………… 33
2・2・1　視　点 (33)　　2・2・2　廃棄物の循環的な利用 (36)　　2・2・3　専ら物（もっぱらぶつ）(38)　　2・2・4　廃棄物資源の循環的な利用および処分の基本原則 (39)　　2・2・5　拡大生産者責任 (43)

2・3　エネルギーの供給 ……………………………………… 46

2·3·1　供給源の変化（46）　　2·3·2　環境保全と原子力エネルギー（51）
　　2·3·3　原子力発電で発生する廃棄物（57）　　2·3·4　MOX燃料（58）
2·4　生物機能の利用 ………………………………………………………… 61
　　2·4·1　バイオテクノロジーの特徴（61）　　2·4·2　遺伝子操作技術の発展（62）
　　2·4·3　バイオセーフティ規制の経緯（64）　　2·4·4　カルタヘナ議定書とカルタヘナ法（72）　　2·4·5　生物資源の保全と利用（75）　　2·4·6　生物資源利用のリスク（78）

第3章　リスクと安全性 …………………………………………… 82

3·1　政策とリスク ……………………………………………………………… 82
　　3·1·1　リスクの存在（82）　　3·1·2　京都議定書の失敗（93）　　3·1·3　エネルギー政策の変化（97）
3·2　科学のアセスメント ……………………………………………………… 109
　　3·2·1　研究開発のステップ（109）　　3·2·2　科学技術の進展（110）
3·3　環境汚染物質のコントロール …………………………………………… 113
　　3·3·1　環境影響の原因拡大と時間的変化（113）　　3·3·2　検出技術の進歩（116）
　　3·3·3　環境中における化学物質の存在バランス変化の確認（117）
3·4　自然を忘れた科学 ………………………………………………………… 119
　　3·4·1　天然資源（119）　　3·4·2　自然を踏まえた「もの」と「サービス」の価値（123）

第4章　社会的責任 ………………………………………………… 131

4·1　ステークホルダー ………………………………………………………… 131
　　4·1·1　リスクの確認（131）　　4·1·2　説明責任（133）　　4·1·3　情報の整理（ポジティブ情報とネガティブ情報）（136）　　4·1·4　リスクコミュニケーション（140）
4·2　リスクアセスメント ……………………………………………………… 144
　　4·2·1　情報の分析（144）　　4·2·2　確率論的リスク評価（146）　　4·2·3　化

学品の環境活動（148）　　**4・2・4**　ポジティブリスト（152）

4・3　環境責任 ·· 156
　4・3・1　コンセプト（156）　　**4・3・2**　環境保険（158）　　**4・3・3**　汚染者の責任（160）　　**4・3・4**　WBCSDとヴッパータール研究所（162）　　**4・3・5**　サービス量の向上（165）

　おわりに ·· 173
　参考文献等 ·· 175
　事項索引 ·· 179

```
............................ トピック目次 ............................
 1-1  ノーベル賞（16）    1-2  紫外線の健康リスク（20）    1-3  リオ宣言第7
 原則（22）    2-1  米国スリーマイル島（TMI）原子力発電所（56）    2-2  高速
 増殖炉（61）    2-3  日和見感染（67）    3-1  PDCA（100）    3-2  カネミ油
 症損害賠償事件（116）    4-1  ストレステスト（148）
```

```
──────── P&T目次 ────────
 1-1  ストロマトライトの化石（2）    1-2  ウラン鉱石（4）    1-3  原子力発電
 所（沸騰水型原子炉）（9）    1-4  日立鉱山に作られた大煙突と煙道（13）    1-5
 地球における生態系の創造と破壊（昔の地球の状態へ）（19）    2-1  東大寺内を流
 れる白蛇川（奈良県）（31）    2-2  水力発電施設（黒部第四ダム：アーチ型ダム）（35）
 2-3  循環経済廃棄物法（ドイツ）の体系と関連政令（41）    2-4  大雪は大量の冷
 熱エネルギー（雪に埋まった車）（47）    2-5  青森県野辺地 風力発電施設（49）
 2-6  わが国で最も早くプルサーマルを実施した九州電力玄海原子力発電所（53）
 2-7  高速増殖炉「もんじゅ」（福井県敦賀市）（60）    2-8  遺伝子組換え不分別の
 表示（71）    2-9  ミシシッピーアカミミガメ（みどりがめ）（77）    3-1  気候変
 動に関する国際連合枠組み条約附属書Ⅱに掲げる締約国（先進国）（96）    3-2  高
 瀬ダム（揚水式発電所：ロックフィル式ダム）（106）    3-3  大阪で開催された万国
 博覧会（1970年）（111）    3-4  約5億年前から海に生息しているカブトガニ（115）
 3-5  汚染の複数要因（118）    3-6  環境中における汚染の拡大（118）    3-7
 海岸沿いに立ち並ぶ風力発電設備（茨城県波崎）（125）    4-1  新規に使用する化学
 物質の事前のリスク管理（リスク回避の方法）の例（145）    4-2  わが国のＬＣＡ
 と環境効率向上のためのシステム（167）
```

第1章
科学の発展と環境

1・1 自然の利用

1・1・1 グリーン

　グリーン"Green"は，一般的に「環境保全」をイメージした言葉で使われている。森林や草木が「緑色」であることから，自然を象徴するものとして使われると思われる。しかし，このイメージは，地球の歴史から考えるとここ数億年で作られた状態であり，比較的最近の環境のことである。

　約46億年前に宇宙に漂っていた隕石，微惑星などさまざまな物体（金属や炭酸塩）が，それぞれの引力（個々の物体が持つ重力）によって集まり，地球が形成されたとされている。これらの物質が集まった際の衝突のエネルギーによって，地球の表面は非常に高温だった。このときの地球は，マグマ（現在のマントルなど地球を形成）の海と二酸化炭素や窒素，水蒸気を成分にもつ大気でできていた。いわゆる，生物の存在しない当時の環境のイメージは，「グリーン」とはかけ離れた状態であったということになる。地球が誕生してからの約5億年間の状況は，現在ある岩石は溶融状態だったため，科学的に予測することさえできない。地球はその後冷えはじめ約38億年前頃「原始の海」ができたと考えられており，蒸発し雨が降る水の自然循環や気温・気圧の変化などで発生する気象現象も創られていった。マグマは，未だに大きなエネルギーをもっており，火山の噴火などを起こしており，間欠泉や温泉など身近にもその現象が見られる。これらは，自然エネルギーまたは，再生可能エネルギーとされる水力，風力，地熱のエネルギー源になっている。

　また，約38億年前の地層に有機物が含まれていたことから最初の生命とされている。酸素がない頃のバクテリアは，嫌気性（酸素がない状態）でも生存す

P&T1-1　ストロマトライトの化石[0]

ることができ，現在でのバクテリアの中にも酸素がなくなると嫌気性に変わるものが存在する。嫌気性のバクテリアはメタンガスや悪臭を発生させるため，悪臭公害の主要な原因ともなっている。光合成を行う植物（藍色植物：藍藻またはシノアバクテリア）は，約35億年前（学説によって，30億年以上前，約27億年など異なっている）に存在していたことが化石の分析によって報告されている。この化石は，ストロマトライト（Stromatolite）という層状の藍色植物の堆積物が化石化（縞状炭酸塩岩）したもので世界各地で発見されている。このストロマトライトが地球上に酸素を供給した最初の生物とされている。現在も生息している地域として，メキシコのチワワ砂漠のクワトロシエネガスやオーストラリアの西海岸のシャーク湾ハメリンプールが確認されている。

　ストロマトライト[★1]（藍藻植物）が，酸素を生成し，地上に供給したことによって，上空の成層圏（高度約10〜50キロメートル：オゾンの密度が高い一般にオゾン層と言われる部分は約20〜50キロメートル）にオゾン層（酸素原子が3つ結合した化学物質をオゾンという：オゾンそのものは強い酸化性があって有害）を形成し，宇宙からくる有害な紫外線を遮断することができるようになった。この紫外線の自然の防御機能が地上に備わったため人類をはじめ地上の生物が生息することが可能となった。ストロマトライトが生成する酸素は，当初は鉄などの酸化の反応物（反応に使われる物質）として消費されたが，その酸化が一段落ついた約20〜18億年前から大気中に少しずつ酸素を放出していったとされている。しかし，ストロマトライトは先カンブリア時代の末期（約8〜6億年前）に，海中に繁殖してきた生物のえさとなってしまったため世界中で一時大きく減少している。このときにストロマトライトが絶滅していたら，現在の地球の生態系は存在していなかったと思われる。

　★1　ストロマトライトとは，ギリシア語のベットカバーを意味するstromaと岩を意味す

るlithから名付けられたものである。化石を，ストロマトライトといい，現在生きているものを原生ストロマトライトということもある。成長速度は1年に数ミリメートル程度である。

オゾン層が生成した約5〜4億年前に地上での紫外線による生命のリスクが急激に減少し，地上に植物や動物などが繁殖していくこととなる。これにより，生態系が形成されていき生物多様性が維持できるようになった。宇宙でばらばらに存在していた物質が，約41億年かかり，地球上で自然の物質循環（無機物質も含めた状態），エネルギー循環・収支の秩序を作り上げたと言える。この生態系のシステムの中心となっている物質がバイオマス（Biomass）であり，広義には生物体全体（動物，植物，微生物）を示し，その基本となっているのが緑色植物である。緑色植物は，カーボンニュートラル（光合成により気体の二酸化炭素と水から有機物を作り出す）であるため，自然の物質循環に影響を与えることはなく，さらに動物や人間のエネルギー源となっている。

いわゆる，「グリーン」は，生命維持システムそのものであることから，「環境保全」のイメージとなったと考えられる。化石燃料も，オゾン層によって地上に大量に出現した植物や微生物の死骸が，数千万年から数億年を費やして化学変化して生成したものである。これは，炭素（または二酸化炭素）の固定化と呼ばれている。自然のシステムの中で，地球大気に熱を貯蔵する気体状の二酸化炭素を石炭，石油，石油ガス，天然ガスなどに変化させて地中に埋め込んだものである。人類は，これらを100年から200年程度で，エネルギー利用等によってほとんどを気体の二酸化炭素に戻そうとしている。さらに，人為的に創られた物質であるフロン類（Chlorofluorocarbons：CFCs）やハロン類（Halon：臭素系ハロゲンアルキル）を成層圏へ放出したため，生態系の維持システムであるオゾン層も大きく破損してしまっている。

したがって，「グリーン」という言葉は，環境保全そのものであり，グリーンがつく言葉は，環境破壊の防止など生態系の維持に関わることを総称して使われている。金属類のマテリアルリサイクル（廃棄物の物質としての再生）またはサーマルリサイクル（廃棄物の熱エネルギーとしての再生）は，人為的に作られ製品を自然の物質循環に近づけるための活動であり，環境税や排出権（量）取引[1]などは，経済的な誘導を利用して人為的な自然の物質バランスの変化を小さ

P&T1-2　ウラン鉱石

くする活動である。これらは，グリーンをイメージするものである。ただし，例えば，自然エネルギーを利用することをグリーンエネルギーと単純には言えない。太陽光発電や風力発電など，人為的な構造物を莫大な量を建造したり，現在ある自然を破壊して人工物を設置，後に廃棄することで，自然の物質循環，生態系の維持に支障を発生させないか，事前に十分に評価しなければならない。再生可能な部分は，エネルギー源であり，膨大に必要となる発電施設やその設置のために失われる自然を考慮すると再生可能とは言えない。

　一方，まだ現在のような生態系が作られていなかった20億年から40億年程度前の地球では，わが国の原子力発電所で燃料として使用されている放射性物質であるウラン235が[★2]，自然に存在するウラン自体に4％から十数％存在していたと予測されている。さらに，環境中に自然原子炉（比較的大きな核分裂反応）があったことも確認されている。ただし，核物質は，常時放射線を出しながら崩壊しているため，自然に存在する放射能物質は次第に減少し続けていき，現在では，自然におけるウラン235の構成比率は0.7％となっている。したがって，世界のほとんどの原子力発電所（軽水炉）で使用されている核燃料は，科学的な方法で3〜5％まで人為的に濃縮されている。地球の歴史から考えると原子力エネルギーも自然エネルギーであると考えられるが，再生可能エネルギーではない。また生成される放射性物質は，現在の地球にはほとんど存在しない濃度であり，生物にとって極めて有害な存在である。原子炉内で発生するプルトニウム（ウラン238に中性子が収集されることにより生成）は，自然には存在しない放射性物質であり，人為的に作られた物質である。

★2　ウランは単体（ウラン金属）として自然には存在しておらず，酸化物やその他化合物の状態となっている。オーストラリア，カザフスタン，カナダ，南アフリカ，米国に大量の埋蔵量が確認されている。日本では，1954年にはじまった原子燃料公社（現日本原子力研究開発機構）探鉱の結果，岡山県と鳥取県の県境（人形峠鉱床：岡山県苫田郡，1955年に発見），岐阜県の岐阜県南東部地域（東濃鉱床：土岐市，1962年に発見）に存在してい

ることが確認されたが，原子力発電（軽水炉）への経済的に供給できる量，品質ではない。すなわち，自国内で自給することは不可能である。ただし，国内には鉱山が多く微量の放射線を発する花崗岩など岩石が多く，ウランの壊変物質であるラドン（気体：放射性物質）もあり，弱い放射能をもつ物質は複数の地域で存在している。

　ウランには，質量数が234，235，238のものなどが存在し，自然での存在比は，約0.005%，0.72%，99.275%である。自然では化合物（酸化物）として存在しており，酸化数は，3価から6価まである。4価および6価の化合物が多く，6価のものが安定しており，三酸化ウラン（UO_3），塩化ウラニル（UO_2Cl_2）などがある。4価の化合物も空気中で酸化され6価の酸化物になる。単体も空気中で酸化し表面が黒くなる（酸化ウランになる）。塩酸などほとんどの酸に溶解するが，アルカリには溶解しない。

　現在の科学技術で支えられた人類は，莫大な物質とエネルギーのもとで活動が行われているため，環境保全から逸脱している部分が多々存在していることは事実である。ほとんどの活動が，「グリーン」とは言いがたい状況で進められていると言っても過言ではない。したがって，「グリーン」な立場から，科学技術を否定することは比較的容易である。ただし，科学技術の恩恵を維持したまま，その代替が可能な方法，方策は極めて困難と言ってよいだろう。本書における「グリーン」という言葉は，時間的な変化，空間的な変化を踏まえて，グリーンな状態に近づける意味も含めることとしたい。

1・1・2　サイエンス

　サイエンス"Science"は，ラテン語の「知る」を意味する"Conscientia"を語源にしていると言われている。知識を追求し，体系化したものをいい，自然を対象とした現象を解析したことから始まっているため，「科学」は「自然科学」を示す場合が多い。しかし，四大文明が始まった紀元前約3100年頃から古代ギリシャの最盛期にかけては，科学者は，哲学や数学など学術分野のしきりがなかったため，自然，時間，空間など自由に研究していた。特に初期においては，理論を追求する科学というより，金属の加工技術，合金技術（銅の合金：硬度の低下，融点の低下）など実用的な技術が中心に発展し，現在の学術分野では，いわゆる応用化学（applied chemistry）または応用科学（applied science）で体系化されている。金属の精錬（目的金属の純度を高める工程：鉱物から金属を抽出分離することなど）は，この時代の人類がそれまでの生活方法と違って自然の物質循環にはじめて逆らった行為であり，この変化は環境破壊をもた

らせてしまっている。おそらく、人類はこの環境破壊が生活の破壊につながることなど想定することはなく、有用な自然の法則のみに着目していたと思われる。残念ながら現在もこの考え方は大きく変わっていない。

　また、エジプト文明やメソポタミア文明では、土地を測る測量など自然を計測することが行われるようになり、その後、ギリシャで図の大きさや性質などを考える幾何学が発達した。"Geometry"の語源は、ギリシャ語の「地球や土地」を意味する"geo"と「測る」を意味する"metrein"から作られている。

　紀元前6～7世紀頃、この幾何学を古代ギリシャに伝えたとされる哲学者であり数学者でもあるタレス（Thales：エジプト各地を旅行）は、「万物の根源は水から生まれ、水にもどる」と説いており、自然に存在する化学物質（化合物）に最初に着目した科学者と考えられる。さらに、紀元前585年5月28日に発生した日食を予測したとされている。自然を神々によって形象（神話的宇宙論）していた時代に、自然を合理的に分析していることに驚かされる。自由な環境がよりよい研究を生み出していったのだろう。

1・2　科学の細分化

1・2・1　科学のマネジメント

　現在では、自然の法則に従った知識を、"physical science"と表現し、「自然科学」と日本語に訳されている。また、自然に関する調査研究を、"natural research"といい、自然を扱うさまざまな事象を扱う学問は、"natural science"と示され、こちらも「自然科学」と訳される。一般的に、物理学、化学、生物学、地学などが含まれている。政治や宗教、法律などは「社会科学（social science）」、文学、美術などは「人文科学（cultural science）」と呼ばれ、学術分野は、さらに細分化され、莫大な垣根ができあがっている。「環境学」はこれらの境界領域とされているが、実際にはこの無意味な垣根があちこちに沢山存在しており、純粋に自然を観察し分析できる学問体系にはなっていない。それぞれ個別の学術的立場または個別の社会的な立場の枠内で議論をしていることが多い。また、わが国では、個人の能力に関しても理系、文系といった分

類が一般化している。

　他方，自然科学の進展は，社会科学面での経済的なメリットと関係を強め，豊かな国と貧困な国を作りだし，現在では，先進国と途上国という大きな壁まで作ってしまっている。物質文明へのあこがれが，自然科学を応用した技術の発展と経済成長を，人類の主要な目標に築き上げてしまった。特にネガティブな面として，科学を応用した技術が武器開発に及んでしまったことがあげられる。競って進められた武器の研究は，人類そのものを一瞬にして死滅してしまう核爆弾も作り上げてしまっている。科学は，人工物やサービスを生産する技術を加速度的に進めていったが，それらを破壊する軍事技術も発展させてしまった。原子の存在は，紀元前5世紀頃，ギリシャの哲学者デモクリトス（Demokritos）が唱えており，ギリシャ語で「分割できないもの」という意味をもつアモトン（Atomon）と呼んでいる。

1・2・2　原子核分裂の研究

　原子核分裂に関する研究は，核爆弾を作るために始められたわけではなく，純粋に知識の追求を目的として進められたものである。まず，1895年にドイツの物理学者レントゲン（Wilhelm Conrad Röntgen）がX線（放電現象：名称は未知なものの意味から命名）を発見し，1896年にフランスの物理学者ベクレル（Antoine Henri Becquerel）が，ウランの放射能（放射線を発生させる能力：マリー・キュリーが命名）を発見している。その後，物理学者キュリー夫妻（Marie Curie, Pierre Curie）によって，1898年にラジウムとポロニウムという元素が発見され，このキュリー夫妻の物理学者の長女とその同様に物理学者の夫のジョリオ・キュリー夫妻（Irène Joliot-Curie, Frédéric Joliot-Curie）によって，1934年に安定した元素が人工的に放射性元素に変換できることが発見された。そして，1938年に中性子を照射することによりウランの核分裂がおこることが，ドイツの物理化学者ハーン（Otto Hahn），シュトラスマン（Fritz Straßmann），物理学者マイトナー（Lise Meitner）によって発見された。その翌年，ジョリオ・キュリーは，この核分裂の際に中性子が発生し，大きなエネルギーが発生することを実験で示している。

　原子爆弾に使われるウランの原子核分裂の連鎖反応は，イタリアの物理学者

フェルミ（Enrico Fermi）が1942年に米国シカゴ大学で成功している。その後、米国政府はニューメキシコ州ロスアラモスで、物理学者オッペンハイマー（J.Robert Oppenheimer）をリーダーとして原子爆弾の開発を目的とした「マンハッタン計画」（ウラン235の濃縮はテネシー州オークリッジで行われ、プルトニウム239生成はフェルミの成果に基づきワシントン州に原子炉が作られた）を進めることになる。この計画にフェルミも参加している。このとき作られた原子爆弾は、1945年にわが国に投下されている。科学の研究成果が極めて悲惨な破壊行為に利用されてしまう結果となってしまった。当該戦争中、ドイツ、および日本も原子爆弾の開発を行っている。なお、フェルミは、第二次世界大戦後に進められた水素爆弾の開発には、倫理的理由から反対している。

1・2・3　原子エネルギーの利用

　第二次世界大戦後、歪んだ国際関係の中で人類の存在そのものにも脅威を与えている核爆弾の開発と拡散はなかなか止めることができないが、原子力発電の普及という平和利用にシフトさせようという動きもある。ただし、早くから原子力を平和利用だけを目的として、開発している国は、日本やカナダなど極めて少数である。

　原子力発電に関しては、導入がはじまった1950年頃は、平和利用、日本の科学技術レベルの高度化、経済成長などが注目され、好意を持って迎え入れている傾向が強かった。しかし、原子力発電所の深刻な事故（米国のTMI事故、旧ソ連のチェルノブイリ事故など）を受けて、賛否が問われるようになった。ただし、どのようなハザードがあり、そのハザードの発生確率がどのくらいあり、リスクがどの程度になるかなどが十分に理解されないまま、「肯定派」、「慎重派」または、「賛成派」、「反対派」に分かれ、安全性、経済、安全保障、損害賠償などを切り口に議論されていることが多い。

　そもそも原子力技術には、負の部分があることは核爆弾で証明されており、それでも巨大なエネルギーが得られる核の有益な部分を取り上げ、平和利用として推し進めてきたことは事実である。したがって原子力発電は、核爆弾での軍事的な威嚇が存在する中で普及が進められている。人類を破滅に導く恐れがある反面、生活にとって極めて重要なエネルギーを生み出すという不自然な状

P&T1-3　原子力発電所（沸騰水型原子炉）

況のもとに存在している。また，原子力発電で発生する核廃棄物に含まれるプルトニウムは，核爆弾の原料や起爆剤にもなる。わが国の原子力発電所から発生する核廃棄物は，当初，核武装を防止するために米国へ移送されていた。いわゆる矛盾の中で進められた平和を目的とした核開発である。[★3]

★3　世界の原子力発電で使用される原子炉の設備容量の割合は，軽水炉（Light Water Reactor：LWR，減速材〔高速中性子を減速するために燃料の周りに置かれる物質：核分裂連鎖反応を維持〕と冷却材〔原子炉を冷却〕に水を使用）が約80％を占める。その他には，重水（Canadian Deuterium Uranium：CANDU）炉（カナダ），発展型黒鉛減速ガス冷却（Advanced Gas-cooled：AGR）炉（英国），黒鉛減速軽水冷却炉（Reaktory Bolshoy Moshchnosti Kanalniy：RBMK）（旧ソ連チェルノブイリ原発事故を発生させたもの）がある。その他軍事用にプルトニウム239の生産を目的とした原子炉もある（英国のセラフィール〔現ウインズケール〕黒鉛減速空気冷却型のものは，1957年に炉心火災によるメルトダウン事故を発生し，放射性物質が周囲の自然環境に放出してしまっている）。軽水炉には，沸騰水型（Boiling Water Reactor：BWR，原子炉の中でタービンを回す蒸気を直接発生させる），加圧水型原子炉（Pressurized Water Reactor：PWR，原子炉内を加圧し，冷却水が高温でも沸騰しないようにし，蒸気発生器〔熱交換〕によって別の水の循環系統でタービンを回す蒸気を発生させる）がある。東京電力，中部電力，東北電力，北陸電力，中国電力が沸騰水型軽水炉を使用し，北海道電力，関西電力，四国電力，九州電力が加圧水型原子炉の原子力発電所を建設している（筆者：統一していた方がリスク研究等も実施しやすいと考えられる）。なお，プルトニウムを燃料（NPTの規定により実際にはMOX燃料）として使用した「ふげん」（重水減速沸騰軽水冷却型）も研究開発されたが，高コストを要し，技術的にも問題が多かったことから，2003年に廃炉となり，すでに日本原子力研究開発機構によって廃炉解体作業が実施されている。プルトニウム（MOX燃料として使用）を燃料とする高速増殖炉（Fast Breeder Reactor：FBR）「もんじゅ」は加圧水型原子炉である。なお，

MOX（Mixed OXide）燃料とは，使用済核燃料（プルトニウムが約1％含有）からプルトニウムを抽出・濃縮（再処理）し，二酸化プルトニウム（PuO_2）と二酸化ウラン（UO_2）を混合した酸化物（プルトニウム濃度4〜9％）のことである。

一方，原子力発電の推進においては，国際関係，政治といった人類が作り出した社会科学での面が中心となり，環境リスクに対する社会科学の発展は置き去りにされている。特に事故に対しては（自然）科学的な影響評価に基づく十分な事前対策が備わっていない。福島第一原子力発電所の事故では，そのことが明らかになったといえる。事故後の対処においても，被害者の受忍限度（我慢できる範囲）極限のところでしか，（社会科学的）救済が行われていないと思われる。原子力発電施設では，莫大な環境影響が想定できる核反応を行うことから，わが国政府が行ってきた安全啓発を中心とした政策は短絡的と言って過言ではない。この問題は，核施設に限ったことではない。通常の有害物質や病原体を扱う施設でも，事故時の（自然）科学的な影響評価を行い，リスクに関する情報を整備し，周辺住民への周知，関係機関との十分な対処を構築できる法制度，社会システムが整っているとは考えにくい。さまざまな科学の視点で，著しく複雑になっている技術の環境リスクを議論していかなければならない。

なお，もし，核反応で放射線が発生しなければ，必要な発熱量に応じたウラン235，またはプルトニウム239の量で，効率的な発電が可能となる。少量の発電残渣（最終的な使用済燃料）の有害性のみに留意すればよく，発電時に発生する硫黄酸化物（SOx）や地球温暖化原因物質（二酸化炭素）を出すこともなくなる（ウラン採取時，運搬等を除いて）。おそらく，化石燃料，自然エネルギーより環境負荷を少なくすることが期待できるだろう。宇宙レベルで最も自然なエネルギーである原子エネルギー（核エネルギー）を人類が利用していくには，放射線に関する健康影響や生態系への影響などの科学的知見を積み重ねていくことが必要だろう。学説の中には，低い放射線を浴びることにより人の健康に供する効果があるというもの（ホルミシス効果）もあり，未だ解明されていないことも多い。一度大きな核反応が発生すると放射されたエネルギーで他の物質も不安定となり放射能を持つ。それら物質は環境中でそれぞれ異なった性状を示すことから，それら挙動をはじめさまざまな解析も重要である。

1・3　科学的証明と賢者の石

1・3・1　発　展

　自然科学分野は，原子の研究などの物理学以外にも数学，化学など複数の分野の研究が進められている。

　タレスなど科学者の考え方を学んだピタゴラス（Pythagoras：数学者，哲学者，宗教家）は，「三平方の定理」（紀元前6世紀）を生み出している。この定理におけるピタゴラスの主張は，論理立てて正しいことを示す方法がとられており，これを「数学的な証明（Mathematical Proof）」と言う。4世紀のアテネでは，この数学が自然哲学に影響を与え，プラトンやアリストテレスの哲学を生み出している。プラトンの弟子の教えを受けたと推定されているユークリッド（Euclid）は，幾何学や代数学の証明を著書「原論（Stoicheia）」で示している。この書は，現在でも高等学校の幾何学の教科書として使用されている。社会科学の研究における「仮説検定」も最初に結論を想定する面で類似しているところがある。ただし，この時代以降探索型の研究も広がりを見せ，調査によって得られたデータを分析して提案を行う方法もいろいろと検討されている。

　また，哲学者アリストテレスが唱えた「万物は完全をめざす」という考え方は，錬金術の基本的な考え方となった。錬金術では，一般的な金属の混合等によって完全な金属とされた「金」を生み出すことを目指した。金（Au：ラテン語aurum［金の意味］に由来）は，化学反応性が非常に低い安定した金属で，比重も高い（密度$19.32g/cm^3$）。延性がよく，金箔は$1\mu m$（0.0001mm）の厚さまで加工でき，古代より貴重な金属として使用された。現代までに世界で約10万トンが生産されたとされている（海水にも金は超微量の濃度で溶解しており，総量で約550万トンが存在すると推定されている）。完全な物質を探求することによって多くの研究で化学分野の学術的な発達が進み，金よりさらに完全な物質である「賢者の石」の生成を目的とした研究も行われた。微積分法や万有引力の法則を発見したニュートン（Isaac Newton）も錬金術の研究を行っている。金を溶かす王水（Aqua Regia：硝酸と塩酸を体積比で1：3に混合した水溶液）は，生命の

秘薬エリクシルとして研究され，さらに化学の学術的な地位を確立していった。

1・3・2　科学の影

これら科学的な検討では，自然の法則を解明および利用する成果が飛躍的に向上していくが，自然に与える影響については，ほとんど考慮されていない。化学反応が自然界の物質バランスを変化させ，環境破壊を生じていくと，すなわち万物自体を変化させてしまうことまで考えられていない。完全な金属とされる金の主要な抽出分離方法であるアマルガム法では水銀，シアン化法ではシアン化ナトリウムまたはシアン化カルシウムが使用され，いずれも極めて有害な化学物質である。また，現在，金が数グラム配合される1トンの鉱物からの抽出で経済的価値が確保できるため，生産には非常に多くの廃棄物が発生する。この廃棄物の有害性が，環境破壊・環境被害を引き起こしている。このため，金の生産や加工で世界各地で深刻な環境汚染が起きている。価値が向上すると構成成分が少ない鉱物の採掘も始まり，さらに副産物（廃棄物）が増加し，環境へのダメージの悪化の懸念が高まる。人類にとって価値がある化学物質を取り出す際に，さまざまな種類の膨大な量の廃棄物（経済的な価値がない化学物質）が現在もなお発生し続けている。

科学技術の発展で価値が与えられた資源が利用され，地上に副産物も含めて排出されたことによって発生した環境汚染は，銅や鉄などを使い出した古代よりすでに始まっている。工業の発展により大量に資源が必要になると，地下から地上に物質を取り出している鉱山でまず環境汚染が起きている。世界各地で未だに鉱山およびその周辺で環境汚染が発生しているが，わが国でも足尾（河川の水質汚濁，大気汚染），小坂（大気汚染），神岡（土壌汚染），日立（大気汚染）などで公害が起きた経験がある。これら被害が発生し，その対処方法として自然科学的解析と法規制等社会科学的な対策が進展した。なお，鉱山で硫化物の鉱石が存在することが多く，硫酸や硫酸アンモニウム（肥料の原料）などが生産されると硫黄酸化物（SO_x，亜硫酸ガス）による深刻な大気汚染が発生することが多い。[★4]

★4　日立鉱山は，約400年前戦国時代に赤沢鉱山という名称で金採掘を目的として開発さ

P&T1-4　日立鉱山に作られた大煙突と煙道（2012年1月現在）

れた。その後，江戸時代に富豪で有名な紀伊國屋文左衛門などが銅採掘など開発を手がけたが，鉱毒問題で失敗している。その後，1905年（明治38年）に久原房之助によって日立鉱山として開業され，現在のJXホールディングスに至っており，機械メンテナンス部門から日立製作所も設立されている。

　鉱山創業，事業拡大に伴って大気汚染が深刻となり1914年には被害範囲が周辺4町30の村に拡大し，補償金20万円を超えた。将来を悲観して，那須野ヶ原（栃木）へ移住を検討する住民も表れた。この事態に対処するために経営者の久原房之助は大煙突の建設を提唱し，「この大煙突は日本の鉱業発展のための一試験台として建設するのだ。たとえ不成功に終わってもわが国鉱業界のために悔いなき尊い体験となる。」との意志のもと，当時の世界一の高さの155.7メートルの煙突を1915年に建設している。1993年に下1/3を残して倒壊，現在は修復され54メートルの高さ（**P&T1-4**）で使用されている。注目すべきこととして，鉱害被害を防止するために，経営者の指示で大煙突を中心とする約10kmの円周上に数カ所の大気汚染の観測地点を設け，電話線で司令塔となる神峰山観測所を結び気象ネットワークを作り，溶鉱を制限していることである。また，亜硫酸ガスのため周辺地域の山々の樹木が枯れたことについての対処として，煙に強い木（オオシマザクラ，黒松，ヤシャブシ，ニセアカシヤなど）を自社で約500万本を植林し，周辺の町村へ苗木を500万本無料で配布している。技術的な対策は，現在の大気汚染防止法規制に基づいて実施しているK値規制（煙突の高さで排気の濃度を規制〔大気汚染防止法施行規則第3条第2項第1号〕），テレメーターシステム（遠隔地の状況をモニタリングするシステム：現在は放射線量監視でも利用）をすでに行っていたことには驚かされる。周辺住民への対処も現在のCSR（Corporate Social Responsibility：企業の社会的責任）活動と言える。

　なお，自溶炉は1976年に操業を休止し，1981年に当該事業所の鉱山事業は撤退している。日立鉱山での採掘粗鉱量は約3千万トンあり，銅量は約44万トンにのぼっている。

　一方，化石燃料は，枯渇が近づくに従い値段が高騰し，これまで経済価値が

なかった低い濃度の燃料でも経済的価値が上昇し，莫大な量の副産物が発生する恐れがある。他方，オイルシェール（およびシェールガス），オイルサンドの炭化水素化合物成分は構成比率が低く，2005年頃まで燃料等に使用するのは経済的に難しかったが，石油高騰により国際的に供給が始まっている。これらは，原油採掘可能量を上回ると推定されており，副産物による環境汚染が懸念される。さらに，主要な地球温暖化原因物質である二酸化炭素が莫大に放出されることで，地球温暖化が進み，気候変動，熱波，海面上昇など環境破壊も悪化するだろう。米国では，2005年エネルギー政策法でオイルシェール等から液体燃料を抽出することに資金的援助が取り決められたことが事業化拡大に繋がっている。

　化石燃料が供給する巨大なエネルギーを代替できる方法であり，地球温暖化を進ませないためのエネルギー供給方法として原子力発電所があげられるが，科学の影の部分である放射性物質による環境汚染対策に前向きに取り組まなければ将来に期待がもてない。原子力発電に関した環境科学を含めた自然科学，社会科学面で十分な検討が必要で有り，国家的なエネルギー政策の立場から安全性を示し理解を求めるのではなく，政府がリスク（ハザードと事故発生など曝露の確率）の説明責任を果たさなければ進歩は望めない。

　再生可能エネルギーについても単純に「環境によいといった」抽象的な理由で導入するのではなく，事前に環境保全に関するデメリットの部分を積極的に分析しなければならない。再生可能エネルギーはエネルギー密度が小さいことから莫大な設備が必要となり，大量の資源が新たに消費することとなる。設備の寿命が比較的短いことから長い目で見て資源消費量はさらに増加し，廃棄量も膨大になっていくことが予想される。

　このような分析には，社会的注目度が余り高くなく，LCA（Life Cycle Assessment：製品の原料採取から廃棄まですべての環境負荷の総量を計算する評価）に関して科学的な情報が極めて少ない。事故時の汚染まで含めると非常に複雑な解析となり，現状ではあまりにも不明な部分が多い。これら被害を社会的費用として捉える手法も1950年から経済学者カップ（Karl William Kapp）によって示され，汚染者負担の原則（Polluter Pays Principle：PPP）に基づいて現在では環境会計として検討が進められているが，自然科学と社会科学の両面での詳

細な分析を行うまでに至っていない。LCC（Life Cycle Costing：LCAのデータをコストで表わす評価）は，企業にとって不可欠なものであるが各企業の取組みには温度差が大きい。原子力発電所の事故による莫大な環境負荷および社会的費用は，LCA，LCCが十分になされなかった結果とも考えられる。自然科学を応用する際に有益な面のみを経済的価値等で評価（社会科学的評価）し進展させていったことによる社会的な失敗である。SR（Social Responsibility：社会的な責任）が，社会的に浸透していくことで漸次改善されていくことに期待したい。

1・4　自然科学と社会科学

1・4・1　自然科学発展と社会への影響

　現在は，経済が人の価値観の中心に位置しており，ほとんどの物，活動が経済的価値で評価されている。数百年前のイースター島では，モアイ像建設が最も価値あるものだったため，石像移動等で森林を破壊し自然が失われた。資源がなくなり生活ができなくなった島では文明も消滅してしまっている。

　さらに，人の思いこみは真実を曲げてしまうことさえある。間違った科学である天動説は一般的な社会通念として16世紀頃まで信じられており，2世紀に天文学，物理学，地理学の学者であったプトレマイオス（Ptolemaeus Klaudios）によって学術的にも示された。これは，現在では間違いであることは誰でも知っているところであるが，16世紀にコペルニクス（Nicolaus Copernicus）が地動説を唱えていることは教会をはじめ一般公衆の当然に存在している常識を覆してしまうため，社会的には危険な行為であった。その後16世紀以降，ガリレオ（Galileo Galilei）やケプラー（Johannes Kepler）によって詳細な観測に基づき学術的に解析されるが，社会にはなかなか受け入れられなかった。この正しい説を正しいと示したことによって，ガリレオは宗教裁判にかけられ悲惨な運命をたどることになる。地球を中心に捉えている天動説は，自然は無限とする考えにも通じるところがある。「宇宙船地球号」とは全く逆の理解である。18世紀初めにニュートンが，天体力学の体系を示し地動説が社会的にほぼ確立されるが，自然哲学者は依然天動説を信じていた。

> **トピック1-1　ノーベル賞**
> ノーベル賞は，次の分野について選定されている。（　）内は選定機関。
> 　①物理学賞（スウェーデン王立科学アカデミー）
> 　②化学賞（スウェーデン王立科学アカデミー）
> 　③生理学・医学賞（スウェーデン・カロリンスカ研究所〔大学〕）
> 　④文学賞（スウェーデン・アカデミー）
> 　⑤平和賞（ノルウェー・ノーベル委員会）
> 　⑥経済学賞（スウェーデン王立科学アカデミー）
> 　近年では，学術分野間にまたがる境界領域に関する研究が増えてきたことからこの6部門での分類では対応が難しくなってきている。この審査の方法に関しても不明な部分が多く，今後の動向や，社会的評価が次第に変化していくと思われる。

　19世紀には，博物学者のダーウィン（Charles Robert Darwin）が発表した「種の起源」に対して宗教界を中心に強烈な批判が浴びせられる。新しい変化が起きると，通常，固定観念が強い者や既得権を手放したくない者が強く抵抗する。自然科学で真実が解明されても，社会科学側で受容できない場合，社会構造が歪んでいる可能性がある。そもそもダーウィンは，マルサス（Thomas Robert Malthus）の著書である「人口論」で示された人口のバランスを保つため増加抑制機能を参考にして種の起源を考えており，経済学の理論を応用している。

　また，ノーベル（Alfred Bernhard Nobel）は，1866年にダイナマイト（珪藻土にニトログリセリンをしみこませた爆薬）を発明し，土木建築現場などで使用され莫大な富を得ている。しかしながら，戦争の兵器として使用されたことから，死の商人とも批判されてしまった（ノーベルの父親も兵器製造販売を行っていた）。ノーベルは，遺言で「人類に大きな貢献をした人々に遺産を分配する」と示し，この意志に従い，1901年に世界的に有名な「ノーベル賞」が作られるに至っている。前述の通り，ウランの原子核分裂の連鎖反応を成功させた物理学者フェルミも，原子爆弾製造に協力したが水素爆弾開発に関しては倫理面から反対の立場を示している。

1・4・2　環境変化と社会的受容

　他方，気候変動の原因とされている地球温暖化については，自然科学的議論と社会科学的議論がそれぞれ展開されているが，各国の経済的利益または損失

を切り口とした検討が中心である。1827年にフランスの数学者であり物理学者であるフーリエ（Jean Baptiste Joseph Fourier）が，惑星の大気が表面温度を高める機能（赤外線の吸収）があることを発表し，1961年アイルランドの物理学者（氷河の研究を目的とした登山家でもある）であるチンダル（John Tyndall）が，水蒸気，二酸化炭素，メタンなどが赤外線を吸収し地球を温暖化させている原因物質であることを発表している。チンダルは，この吸収された熱による温室効果と地球の気候とが関係していることも述べている。これら研究を踏まえて，1896年には，スウェーデンの物理化学者アレニウス（Svante August Arrhenius）が，大気中の二酸化炭素の濃度が増加すると気温が上昇することを述べている。具体的に当時の産業革命時の石炭消費で温室効果が高まることも予測している。

工業（または，工業による経済成長）にとって重要な，フーリエの「熱伝導方程式やフーリエ解析」の理論，アレニウスの「電解質の解離の理論」は広く一般に広がったが，自然を変化させてしまう地球温暖化に関しては，近年になるまでほとんど注目されていない。目を向けられたきっかけは，1980年と1988年に米国で発生した深刻な熱波であり，身近に危機迫る温暖化が感じられてからである。その後，カナダのトロントで国際会議が開かれ，「気候変動に関する国際連合枠組み条約」の議論へと繋がっていく。現代は，自然を生活の中で感じることはほとんどなくなり，NIMBY（Not In My BackYard syndrome）のような狭い視野しかもたなくなり，万物の変化に気づかなくなってきている。

英国政府によって経済学者スターン（Nicholas Stern）に委託研究された「気候変動に関する経済学（The Economics of Climate Change）：通称，スターン報告（Stern Review）」（2006年発表）では，地球温暖化による気候変動によって経済が著しく悪化することを分析しており，早期に大規模な対策を講じる方が極めて低いコストに抑えられることが示されている。京都議定書を脱退した後，異常なエルニーニョ現象によって莫大な損害を受けたオーストラリア政府（ガーナー報告：Garnaut Report〔2008年〕）などからその後同様な報告が公表されている。しかし，環境悪化による経済的な損失は，被害を生じてからより，事前対策を講じる方が著しく安価なコストになることは，以前よりさまざまな環境問題で示されていることである。わが国では，国民すべてが大きなコスト負担を強い

られることになった原子力発電所のリスク対策が明確な事例と言えよう。強権を定めた法制度が整備されなければ、目の前の経済的なメリットに打ち勝つ誘導は期待できないだろう。したがって、現在は経済的なメリット（または、デメリット回避）がなければ、自然科学的な環境保護は理解されないといった経済価値観中心主義が根付いてしまっている。

1・5　自然の考察

1・5・1　生態系の創造と破壊

　近年は経済成長を第一の目的として、科学技術を発展させ、資源消費を高効率化したため、環境破壊が急速に拡大した。この環境破壊による地球の変化により、人類には予期できないような自然災害が次々と発生している。それにもかかわらず、環境問題の対策に関しては、ほとんどの検討が経済成長の確保を優先するために目的を見失いかけている。人々がそれぞれの立場で再度自然を見つめ直していく必要がある。それには、人類一人一人が科学のあり方を考えていかなければならないだろう。

　自然を考える場合、人を中心とする価値観（人間中心主義）と生物や生態系を中心とした価値観（生態系中心主義）が対極的に議論されることがあるが、近年の人類が引き起こす環境破壊には、地球温暖化のようにゆっくりとした（慢性的影響）自然の変化を進ませ、人が認識しないうちに起こってしまうものと、原子力発電所の事故のように短時間（急性的な影響）のうちに汚染が広範囲に及んでしまうものがある。

　前者は、海面上昇のように少しずつ水没するような環境変化（被害）や温暖化による生態系の寒冷地方へのゆっくりとした移動などは一般公衆も感覚的に確認されているはずだが、その対策に関しては積極的な人は少ない。しかし、異常気象、熱波、熱帯性伝染病などのように突然大きな環境異変を発生させることがある。

　後者は、放射性物質が大気および水中に拡散し、放射線という目に見えない健康リスクが存在していることと、特にわが国では核爆弾による悲惨な事実を

P&T1-5　地球における生態系の創造と破壊（昔の地球の状態へ）

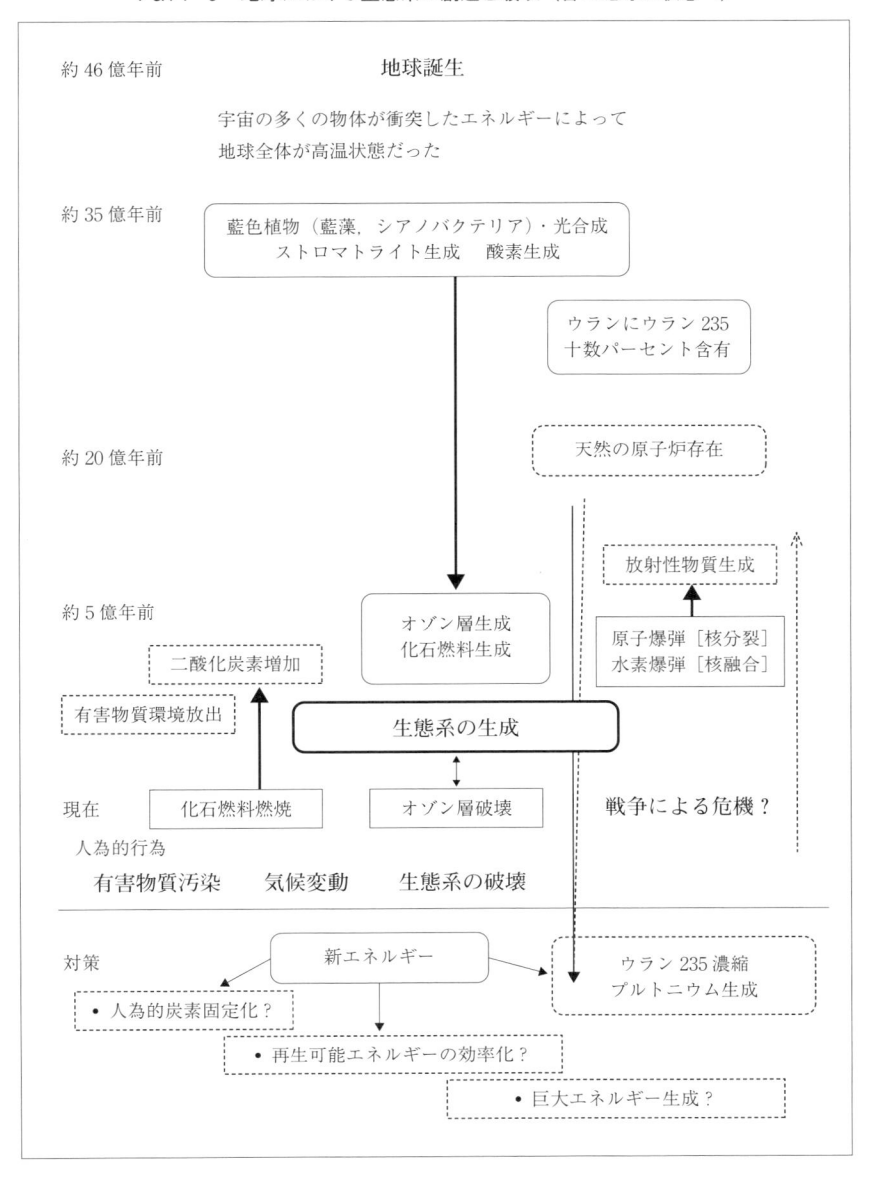

約46億年前　地球誕生

宇宙の多くの物体が衝突したエネルギーによって
地球全体が高温状態だった

約35億年前
- 藍色植物（藍藻，シアノバクテリア）・光合成
- ストロマトライト生成　酸素生成

ウランにウラン235
十数パーセント含有

約20億年前
天然の原子炉存在

約5億年前
- オゾン層生成
- 化石燃料生成

放射性物質生成

原子爆弾［核分裂］
水素爆弾［核融合］

二酸化炭素増加

有害物質環境放出

生態系の生成

現在　化石燃料燃焼　　オゾン層破壊　　戦争による危機？

人為的行為
　　有害物質汚染　　気候変動　　生態系の破壊

対策　新エネルギー　　ウラン235濃縮　プルトニウム生成

- 人為的炭素固定化？
- 再生可能エネルギーの効率化？
- 巨大エネルギー生成？

> **トピック1-2　紫外線の健康リスク**
> 　宇宙には有害な紫外線が飛び回っており，オゾン層でそれらの多くが遮断されているが，完全にリスクを消滅させたわけではなく，若干のリスクを残している。この微量の紫外線でも，人間への健康被害として，アレルギーや皮膚がんなどが発生している。
> 　また，紫外線と大気中の窒素酸化物（NOx）や炭化水素類（HC）が反応して発生する光化学オキシダント（オキシダント〔oxidant〕は，強い酸化性物質：地上近くに存在するオゾン，過酸化物，ペルオキシアセチルニトラート〔peroxyacetyl nitrate；PAN〕など）が発生する。オキシダントは，生体へ刺激性（眼やのどなど粘膜）があり，植物に対しても悪影響を与え有害物質である。気体状の塊はオキシダント雲（oxidant cloud）といわれる。環境基準を越え気象状況から考えて汚染状況が継続されると認められる際に光化学スモッグ注意報（大気汚染防止法23条第1項に基づく），または警報（多くの自治体の要綱で規定）が発令される。オキシダント濃度は光化学スモッグの指標として用いられている。
> 　オゾン層の破壊で地上に降り注ぐ紫外線量が増加しており，紫外線アレルギー・皮膚がん，および光化学オキシダントによる環境汚染が増加する傾向にある。

経験していることから，一般公衆の不安感は強い。感覚的にすぐに被害を実感できない低レベル放射線によるリスクが中心であるため，数年から数十年を要するような長期間経過後に症状が発生する。いわゆる忘れた頃にやってくることになる。

　オゾン層破壊は，「オゾン層の保護のためのウィーン条約」に基づく「オゾン層破壊物質に関するモントリオール議定書」によって，国際的にフロン類等が生産・使用について厳しい規制が実施されていることから，改善に向かっていくことが期待される。ただし規制対象となり供給量が減少した経済的価値があるものは，市場から減少すると却って価値が上昇し密輸など違法行為が発生するため現状を把握していく必要がある。オゾン層が破壊されれば，有害な紫外線が宇宙からそのまま降り注ぐこととなり地上で生物が生存することができなくなり，5億年前の地球に戻ってしまうこととなる。また，オゾン層が形成し始めた石炭紀（古生代：地質年代区分）から固定化された二酸化炭素，いわゆる化石燃料等で焼却され，気温の高かった地球に逆戻りしている。化石燃料は，採取しにくい原油，オイルシェール，オイルサンド，シェールガス，メタンハイドレート（氷の中にメタンガスが閉じ込められたもの：海底等に存在：わが国の近海に大量の存在していると推定されている）など採取に高コストを要するものまで

消費され始めており，大気中の二酸化炭素濃度も加速度をつけて5億年前に逆戻りしている。

1・5・2 柔軟な理解と強硬な壁

英国の哲学者であり，政治家でもあるベーコン（Francis Bacon）は「読書は充実した人間を作り，談話は機転の利く人間を作り，書くことは正確な人間を作る。」と言っている。この考え方は，学習や研究の基本であり，バランス良く行っていくことで理解と知識を深めていくことができると思われる。これには前提として明確な目的を持つ必要があり，新しい分野に取り組むときは特に求められることである。したがって，複数の学術分野にわたる環境問題は，広い視点で，柔軟な姿勢で考えていくことが重要である。しばしば，環境問題が，エネルギーや鉱物資源問題と置き換えられて説明されたり，特定の知識や視野でのみ議論され，目的が不明確となってしまうことがある。強張っている頭では，解決への道筋は見えてこないだろう。

人間活動全体をコントロールしている経済システムは，環境保護のみを考えた条約や法律の足かせになることが多くある。気候変動を防止するために地球温暖化原因物質の排出を削減させる規制，生物多様性を保護したり，遺伝子組換え体の取扱いに関する規制，有害廃棄物の国境を越える移動およびその処分に関する規制は，世界各国の利害関係の調整でしばしば行き詰まっている。特に，先進国のエゴによって構築されてしまった先進国と途上国の経済格差は，この問題をさらに難しくしている。

1992年の「国連環境と開発に関する会議」のリオ宣言第7原則で先進国は，途上国に対して「差異ある責任」を有することを明示し，国際条約作成時にさまざまに配慮されているが，国際的な理解が得られているとは言えない。1997年12月に採択された「気候変動に関する国際連合枠組み条約」に基づく「京都議定書」で，途上国への技術移転，資金援助を促進するために規定されたCDM[3]（Clean Development Mechanism）は，経済発展めざましい工業新興国と米国等先進国との障壁を生み出し，当該議定書の目的達成の大きな障害になってしまった。経済に支えられた「豊かさ」は，経済的な指標によって評価されている。経済指標によって明確に数値で上下が示された事実の前では，不確定部

> **トピック1-3　リオ宣言第7原則**
> 「各国は，地球の生態系の健全性及び完全性を，保全，保護及び修復するグローバル・パートナーシップの精神に則り，協力しなければならない。地球環境の悪化への異なった寄与という観点から，各国は共通のしかし差異のある責任を有する。先進諸国は，彼等の社会が地球環境へかけている圧力及び彼等の支配している技術及び財源の観点から，持続可能な開発の国際的な追及において有している義務を認識する。」
> 出典：環境省ホームページより　www.env.go.jp/council/21kankyo-k/y210-02/ref_05_1.pdf（2012年3月）

分が多い環境リスクは，人類の生存に関わるようなことであってもあまり注目されない。

福島第一原子力発電所の津波による事故のような，千年に一度発生する災害が起こる前に，事前対策として各電力会社が計画している千億円レベルものリスク対策が政府の補助金や電気代の上乗せの形で国民に負担をかけて，理解が得られたかどうかは疑問である。

他方，日本には，茶道や華道のように自然システムと人の精神的な世界を考える理論がある。また，世界から理解を得た「もったいない」という考え方は，その理論の中でもとてもわかりやすく非常に基本的なことであるにもかかわらず，「豊かさ」の価値観とは大きくかけ離れたものとなっている。この言葉を正確に理解し，機転を利かせて応用している人は少ないように思われる。

エネルギー供給に関して，欧州で成功しているフィードインタリフ制度（自然エネルギーで生産された電気を電力会社が固定価格で長期間買い取りをするもの）が各国で注目され，日本でも「電気事業者による再生可能エネルギー電気の調達に関する特別措置法」（2012年7月施行）として日本でも制定された。この法律で対象としているのは太陽光，風力，水力，地熱，バイオマスで，他の国と同様に電気事業者が買取りに要した費用は，電気料金に上乗せされ消費者が負担することとなる。スペイン，ドイツなどこの制度をいち早く進めた国では，国内の再生可能エネルギーに関したメーカーが販売市場を拡大していき，他国へも進出している。しかし，スペインは2009年に買取価格を大幅に引き下げ，国内にはほとんど市場が無くなり，2011年の欧州の金融不安によってドイツも買取価格を引き下げている。また，省エネルギー効果が期待できるスマート

グリット (smart grid) が複数の国でも取り組まれている。この手法は，そもそもは電力供給について停電などを極力防ぎ信頼性が高く効率的な送電を行うための賢い，送配電網を目的としたものである。このシステム構築には，IT技術およびネットワーク技術を駆使して個々の家庭の電力消費状況（個別情報）をスマートメーターで管理し，関連のインフラストラクチャーの整備等が必要である。各電力会社の管区内ですでに安定した送電網を持っているわが国でも，さらなる効率化した送電で省エネルギーを図れることが期待される。新たなインフラストラクチャー設置による公共投資等経済への刺激としても捉えられている。

外国の法律を参考にして取り入れられたわが国の環境保護システムには，マテリアルリサイクルを優先し廃棄物資源を再生させ循環させるリサイクルシステム（ドイツ「循環経済廃棄物法」より），廃棄物に伝票をつけて管理するマニフェスト制（米国「資源保全再生法」より），開発事業の開始前に環境に与える影響を調べる環境アセスメント（米国「国家環境政策法」より）など沢山ある。これらに関係する法律は多くの議論を経て何度も改正されているが，まだ規制の効果が十分に発揮されているとは思われない。

わが国では，まず「環境リスク」という言葉を一般化することが必要であり，環境に関する権利（環境権）を確立すること，多くの人が身近な自然について再度興味をもつことが不可欠であると考えられる。

ベーコンはまた，「学問に時間を費やしすぎるのは，怠惰である。」とも言っている。したがって，柔軟な姿勢で，無駄を無くし，効率よく研究や学習をしていかなければ怠惰と評価されかねない。ずるずると議論を引き延ばしたり，ループしてしまったりすると怠惰と同じことになってしまう恐れがある。日本では環境意識向上が漸次進みつつあるが，少しずつ加速していかないと世界から取り残されてしまうだろう。

【注釈】

＊0）　**P&T**　　本書ではPicture and Tableの略記で写真および図，表を指す。

＊1）　**環境税**　　環境税とは，環境負荷物質（有害性をもつ化学物質や自然を破壊する物質）の環境中への排出を抑制することを目的として課される租税のことである。多くの国で施行されており，その対象として酸性雨の原因物質となるイオウ酸化物（環境中で硫酸

となる), 窒素酸化物 (環境中で硝酸となる), 二酸化炭素 (地球温暖化原因物質である) などがある。日本では, 環境税に類似のシステムとして課徴金 (ガソリンへの鉛の含有に対して実施され抑制効果があった), 賦課金 (「公害健康被害の補償等に関する法律」で, ボイラー等設置業者に課せられ, 徴収された賦課金は公害病認定患者の救済に使われている) がある。排出権 (量) 取引は, 米国で酸性雨対策のために, 大気浄化法 (Clean Air Act: CAA) に基づいて行われたことがきっかけとなって多くの国で取り組まれ, 気候変動に関する国際連合枠組み条約の京都議定書の規制でも取り入れられた。わが国の総量規制 (一定地域の有害物質の排出量について, 自然浄化によって環境保全可能総量を科学的に算出し, この量以上にならないように規制する方法) に類似している。米国の大気浄化法の排出権 (量) 取引では, 各州で科学的検討に基づいて計画 (state program) を策定し, イオウ酸化物排出業者に排出量可能量を割り当て, 計画量より削減できた企業の排出量を, 削減できなかった企業に売買することができるようになっている。ただし, 排出権 (量) は, 経済的誘導として合理的な方法であるが, 捉え方によっては環境汚染する権利を合法的に認めることになり賛否両論である。

＊2) ニュートンの法則　　ニュートン (Isaac Newton) は, 質量, 加速度, 力の関係を示し, 運動力学の三法則を導き出した。そして, ケプラーの法則 (惑星の運動に関する経験的法則) との関係から万有引力の法則 (物体は引力〔重力〕の影響をうけ, 規則的な運動していることを証明した理論) を完成させている。万有引力とは, 物体間には, 質量の積に比例し, その距離の2乗に反比例する引力が働いており, これには物体の形状などの性質とは無関係であるというものである。

なお, ケプラーの法則は,「太陽を中心として, 惑星は楕円状の軌道をえがく (第一法則)。太陽と惑星の中心を結ぶ直線のえがく面積は常に等しい。したがって太陽に近い惑星の運動は早いものとなる (第二法則)。太陽から惑星までの距離の3乗と惑星の公転周期の2乗の比は一定になる (第三法則)。」ということを示している。

また, ニュートンの運動力学の三法則とは,「物体が運動の状態を維持する性質である (第一法則:慣性の法則/等速で動く物体に, 摩擦力等に他から働く力無い場合等速で動き続ける), 物体の持つ加速度と質量の積は, 同じ方向の力に比例している。一般的に, 力F (単位:N [ニュートン]), 加速度a (単位:m/s^2), 質量m (単位:kg) は, F=maと表される (第二法則:ニュートンの運動方程式)。物体が他の物体に力を及ぼすと, 他の物体から反対方向に力が及ぼされる。静止していれば物体間の力は正反対で同じである。物体の質量が異なる場合, その割合の逆の大きさで反対方向の加速度がそれぞれの物体が持っていることとなる (第三法則:作用反作用の法則/F=maに基づいた考え方)。」を示している。

＊3) CDM　　CDMとは, 1997年12月に開催された気候変動に関する国際連合枠組み条約第3回締約国会議 (The 3rd Session of the Conference of the Parties to The United Nations Framework Convention on Climate Change:COP3／1997年12月にわが国の京都国際会議場で開催) で新たに創設されたシステムである。それ以前は, 共同実施 (Joint Implementation:JI) のみの規定しかなかったが, COP3において, 先進国の責任で途上国の地球温暖化原因物質の排出量を低減させる方法として取り入れられた。京都メカニズムの1つの方法として具体的な方法が認められたのは, モロッコ・マラケシで2001年10〜11月に開催されたUNFCCC第7回締約国会議 (COP7) である。この会議で採択されたマラケシアコード (運用細則) の合意事項の中で, 土地利用・土地利用変化と林業 (いわゆる

吸収源),排出量と吸収量のモニタリング・報告・審査の制度などと同時に定められた。わが国政府の正式訳では,CDMを「低排出型の開発の制度」と示されている(「clean」を「低排出型」とするのは限定しすぎていると思われる)。CDMは,京都議定書第12条に示されている。なお,条文中のキーワードに記載した英単語は,英語原文より抽出し追加したものであり,わが国の正式翻訳文には書かれていない。

また,CDMが先進国が途上国への支援を履行することを目的としていることは,第2項に示されている。自国の削減のみで削減目標量がクリアできないわが国にとっては,約束を遵守するための重要な方法となっている。数値目標が示されている附属書Ⅰ国の総排出量は,以下の式で表される。

附属書Ⅰ国の総排出枠＝割当量単位(Assigned Amount Unit：AAU)
　　　　　　　　　　＋国内吸収量(Removal Unit：RMU)
　　　　　　　　　　　除去単位(吸収源活動に基づくクレジット［credit］)
　　　　　　　　　　＋共同実施およびCDMで発行されたクレジットの取得分
　　　　　　　　　　±国際排出量取引による京都ユニットの取得・移転分

京都議定書第12条　CDMの規制内容

1　低排出型の開発(Clean Development Mechanism)の制度についてここに定める。
2　低排出型の開発の制度は,附属書Ⅰに掲げる締約国以外の締約国が持続可能な開発を達成し及び条約の究極的な目的に貢献することを支援すること並びに附属書Ⅰに掲げる締約国が第3条の規定に基づく排出の抑制及び削減に関する数量化された約束の遵守を達成することを支援することを目的とする(第3条には,「数量的コミットメント」が書かれている)。
3　低排出型の開発の制度の下で,
　(a)　附属書Ⅰに掲げる締約国以外の締約国は,認証された排出削減量を生ずる事業活動から利益を得る(附属書Ⅰには,排出削減のための数値目標が定められた先進国を掲げている)。
　(b)　附属書Ⅰに掲げる締約国は,第3条の規定に基づく排出の抑制及び削減に関する　数量化された約束の一部の遵守に資するため,(a)の事業活動から生ずる認証された　排出削減量(certified emission reduction)をこの議定書の締約国の会合としての役割を果たす締約国会議が決定するところに従って用いることができる。
4　低排出型の開発の制度は,この議定書の締約国の会合としての役割を果たす締約国会議の権限(authority)及び指導(guidance)に従い,並びに低排出型の開発の制度　に関する理事会(executive board)の監督(supervise)を受ける。
5　事業活動から生ずる排出削減量は,次のことを基礎として,この議定書の締約国の会合としての役割を果たす締約国会議が指定する運営組織(operational entities)によって認証される。
　(a)　関係締約国が承認する自発的な参加
　(b)　気候変動の緩和に関連する現実の,測定可能かつ長期的な利益(real,

measurable, and long-term benefits）
　(c)　認証された事業活動がない場合に生ずる排出量の削減に追加的に生ずるもの
6　低排出型の開発の制度は，必要に応じて，認証された事業活動に対する資金供与の措置をとることを支援する。
7　この議定書の締約国の会合としての役割を果たす締約国会議は，第一回会合（elaborate）において，事業活動の検査（auditing）及び検証（verification）が独立して行われることによって透明性（transparency），効率性（efficiency）及び責任（accountability）を確保することを目的として，方法（modalities）及び手続（procedures）を定める。
8　この議定書の締約国の会合としての役割を果たす締約国会議は，認証された事業活動からの収益の一部が，運営経費を支弁するために及び気候変動の悪影響を特に受けやすい（vulnerable：または脆弱性）開発途上締約国が適応するための費用（costs of adaptation）を負担することについて支援するために用いられることを確保する。
9　低排出型の開発の制度の下での参加（3（a）に規定する活動及び認証された排出削減量（certified emission reductions）の取得への参加を含む。）については，民間の又は公的な組織（private and/or public entities）を含めることができるものとし，及び低排出型の開発の制度に関する理事会が与えるいかなる指導にも従わなければならない。
10　2000年から1回目の約束期間の開始までの間に得られた認証された排出削減量は，1回目の約束期間における遵守の達成を支援するために利用することができる。

第2章
高度な技術

2・1　科学の限界——不十分な知見

2・1・1　技術予測と評価

　「科学」と「技術」の大きな違いは，「技術」は実現時期の予測が試みられているが，「科学」は予測が極めて困難であることである。「科学」は自由な発想のもとで知識の体系が作られていくため，この時点で環境保全まで含めた検討は不可能である。対して「技術」は，実用化，普及を想定して開発が行われるため，関連情報が整備されていく過程で環境保護に対する情報を整備し，環境影響の事前評価をすることが可能である。ただし，新たなコストを生み出すこととなり，一般公衆をはじめ社会がこのコストについての理解をしなければ，この環境保全を実施することはほぼ不可能であろう。なお，技術予測においては環境技術の予測も行われているが，現状では新たな環境問題が顕在化したのち，その対策に必要な技術を検討するといった手順となっているため，次々と新たな環境技術が必要となり，モグラたたきのような対処となっている。

　OECD（Organization for Economic Cooperation and Development：経済協力開発機構）では，技術予測は科学技術の政策や戦略を策定する際の過程（process）であると示しており，複数の加盟国で実施されている。各技術の専門家を中心とした検討に基づいて予測が実施されており，具体的な製品が想定される技術については市場状況などの分析も交えて技術のロードマップなどが作成されている。わが国の技術予測実施の歴史は古く，1971年から5年おきに科学技術庁（現文部科学省）でデルファイ法といわれる手法で行われている。

　デルファイ法による技術予測調査とは，専門家または技術全般についての研究者・開発者へ，特定の技術について開発，実用化，普及の時期を予想しても

らい，その後，一度得た調査集計結果を再度回答者へ送付し，その結果を見て予想の見直しを依頼し，最終的な集計結果を得るものである（そもそもは米国のシンクタンクであるランド社で行われたものが基本になっている）。調査方法は，アンケート方式が使われ，通常，質問の作成や結果の確認のため専門家による検討会が設置される。この複数の検討を行うことによって結果が収斂(しゅうれん：縮まることを意味し，この場合，予測の検討は回答者の裁量の余地が大きいため，発散した結果を調整することを意味する）するといった効果をねらっている。将来技術の開発・普及状況に関しては，経済状況や社会状況による研究開発費の取得具合で大きく変化し，関連技術についての専属研究者の数も大きく変化する。不確定要因が複数あることから，該当技術の専門家も予測には苦労しているのが現状である。実際行われた結果分析では，専門家による予想と専門家以外の予想とほとんど変わらない傾向となることもある。技術政策や将来の生活などのビジョンを描くには非常に興味ある研究であるが，アンケートの対象者は個々の技術の専門家であって，必ずしも経済動向，国際関係等に関しての専門家ではないこと，および個々の分野のアンケート項目および結果等について検討する専門委員会の委員も対象とする技術の専門家であって，社会科学的な影響に関しての専門家ではないことが信頼性を低くしている。このことから技術の実現時期のロードマップとして利用するには，当該デルファイ調査結果に基づき再度詳細な検討が必要だろう。

　技術予測を行う際にまず最初に議論されることは，対象とする技術の種類とその実現内容の設定である。この抽出で各専門の検討委員が選定され，経験等の知見に基づいて重要な課題が設定されていく。アンケート調査を行う場合はその対象者の選定も順次行われていくこととなる。グリーンサイエンスの観点から考えると，すべての専門部会で環境の専門家が必要と考えられるが，一般的には実現時期とその重要性が焦点となり,環境面の配慮は考えられていない。また，研究開発分野は年を追うごとに細分化していき，総合的に技術動向を分析することが困難になっている。日本のデルファイ調査でも同様の傾向がある。したがって，各技術分野で個別に専門性が高まっていくことで，環境面への影響は専門家の知見および過去の事故等の経験からリスクが想定されるようになっている。この考え方では，遺伝子組換え技術に関するリスク，原子力発電

所における定常時・緊急時のリスクなどは，行政，司法，および立法においてのコンセンサスになっている。この詳細に関しては，この後順次議論を行っていく。

　一方，技術予測のように現在から将来を想定する方法をフォアキャスティング（Forecasting）とし，対して将来問題となる環境破壊や環境汚染を想定し，その将来から現在を振り返り開発すべき技術と実現時期を期待するバックキャスティング（Backcasting：将来から現在を振り返る）といわれる考え方もある。この考え方は，スウェーデンの環境NGO（または，環境コンサルティング団体）ナチュラルステップが示したものである。しかし，この方法で検討できるものは，地球環境問題，低レベル放射線影響，アスベストなど長期間を要して健康被害が懸念される慢性的な影響で，かつ，すでにある程度原因と結果の因果関係など解析が行われているものに限られる。また，「気候変動に関する国際連合枠組み条約」，「生物の多様性に関する条約」，「有害廃棄物の国境を越える移動及びその処分の規制に関するバーゼル条約」などで見られるように，国際的な問題となると各国の利害関係が明確に表れてしまい，経済的な予測が技術開発の実現時期の主要因となってしまう可能性が高い。規模の小さい環境問題に関しても，経済的な状況の方が大きく影響し，純粋に技術レベル，または科学の解明レベルを解析するよりは，経済状況および将来予測における要因分析の強い影響を受けると考えられる。ただし，環境の悪化により人の生存に関わるような危機的状況が明確に認識されれば，最悪の状況を想定しバックキャスティングで環境対策が検討される可能性がある。

　危機的状況に類似したものとして，戦争に関した技術開発では，バックキャスティングで技術予測し，戦略的に研究開発が進められることがある。第二次世界大戦では，現在のミサイル，ロケットの原型となったV－2号ロケットがドイツ軍によって計画的に開発され英国に大きな被害を与えている。原子爆弾に関しては，その悲惨な効果による結果を想定して米国，ドイツ，日本が開発を行っている。どのような技術も普及したことを想定して，自然に逆らう行為に関して結果を想定されれば，環境汚染，環境被害は予防できる可能性があるだろう。しかし，原子力発電所の事故に関しては，技術の専門家（さまざまな専門分野が存在すると思われる）および政策決定者によってリスク（事故発生確立

または曝露量）が低く想定されたため，福島第一原子力発電所の事故では大規模な被害が発生している。技術は人々の生活を幸せにするためのものと信じる。しかし，その開発効果の目的に対するマイナス面に関しては評価は緩くなる傾向が強い。その原因については，国家戦略，企業戦略，経済戦略など複雑な要因があると考えられるが，本来の目的を見失うことがないことを望みたい。

なお，わが国では，1956年に経済白書で使用されて以来，米国の経済学者シュンペーター（Joseph Alois Schumpeter）が示したイノベーションという言葉をしばしば「技術革新」との意味で使用されている。シュンペーターは，もっと広い意味で示したと考えられるが，技術革新が企業経営上非常に重要な役割を果たしていることから普及したと考えられる。すなわち，現在では人類が使用するもの，サービスのほとんどを提供している企業が経営における「イノベーション」の段階で環境面での評価を行わないと，思わぬところに，思わぬ時に環境問題が発生する可能性があると考えられる。

2・1・2　知見不足

自然科学が解明されていくに従い，その知見を応用した技術が人類に普及し，さまざまな目的で次第に枝分かれしていき極めて複雑な技術体系ができあがってきている。技術は，普及段階で経済，政治等，社会科学的視点が強くなっていき，自然科学的な視点で知識を体系化する目的は失われてきている。デメリットの部分に関しては，あまり目が向けられなくなっており，特に時間を経て生じるような問題に関しては，知見が不足している。環境汚染に関しては，被害が発生するとすでに手遅れであることが多い。環境問題が発生しても，一過性の対応で終わったり，十分な自然科学的な知見を整備しないまま対策を行い次第に消滅してしまうこともある。

杉山次郎・山崎幹夫『毒の文化史　新しきユマニテを求めて』で，61～64頁に書かれた「大仏建立のリアクション」で興味深い記載がある。奈良の大仏は，完成時は金でメッキされており，その方法で水銀塗金法という，金のアマルガム（水銀と他の金属との化合物）が使われており，水銀を揮発させた結果，平城京が水銀汚染され，長岡京へ遷都しなければならなくなったのではないかとの杉山（歴史学者）の仮説である。この文献の中で，特に汚染の過ちについて，

「5年もかけたということは，試行錯誤をしたのではなくて，はじめから危険と見なしたうえでの予定の動きです。ただ，それが後どうなるかまでは予見できなかった。」(64頁) と述べており，このアマルガムによる金鍍金技術では何らかの有害性があることがわかっていたにもか

P&T2-1　東大寺内を流れる白蛇川（奈良県）

かわらず，その技術から得られる有用性との比較衡量によって実施されていたと考えている。東大寺の大仏の規模から察して，この水銀による被害が作業者のみにはとどまらず，結果的には平城京の広い範囲の人々に被害を及ぼし，遷都を余儀なくされたとの考察は妥当であると考えられる。この仮説が正しいとの立場で検討すると，国家的規模の建築物を作り，社会，経済および人心の注目度を集めることは，当時の権力者にとって極めて重要な行事であり，自然科学的な知見が少ないまま一過性の政治的な利益を優先した過失であったといえる。有害物質の正確なハザードがわからないまま，不十分な曝露防止（有害物質の排出防止）を行ったため，実際には大きなリスクのまま進められた事業であり，現在の鉱害，公害，地球環境破壊，および原子力発電所事故による放射能汚染に共通した課題である。

　なお，杉山は大仏建造において別途鋳造等銅加工において排出された鉱毒も深刻な鉱害を引き起こしたとの仮説として述べているが，足尾銅山などの鉱害と比較すると極めて規模が小さく，大災害となったとは考えにくく限定的な地域ではなかったかと思われる[1]（原因不明のたたりのような風評が広がった可能性はある）。高度成長期などで発生した鉱山の鉱害は，硫酸製造（分離・生成）による大気汚染によって広域に深刻な被害を及ぼしており，揮発した水銀によって広域の公害が発生したと考える方が合理的である。東大寺の周辺の若草山，春日山から奈良盆地にかけて豊富な生態系を擁する自然があり，飛散した水銀が微生物等によって有機水銀（メチル水銀）に変化し，食物連鎖によって生物濃縮された有機水銀が人に摂取されたと考えられる。水俣病では，神経障害や感

覚障害などがあり，現在でも一般公衆にとって極めて非常に恐ろしい公害病である。猫などにもその症状の発生が確認されており，もし杉山仮説が正しかった場合，平城京は，一種のパニックになったのではないかと思われる。

★1　東大寺の大仏殿と南大門の間を流れる白蛇川（P&T2-1）には，大仏建設当時，銅の加工で発生した有害物質が排出されたと考えられている。小規模の水路で水量も少ない。南大門の手前を流れる吉城川と，東大寺を出るとすぐに合流している。現在は，透明度が高い水が流れている。奈良市の東部にある若草山で当該汚染が発生していたとされているが，毎年1月15日に山焼きが行われており，もし汚染されていたとしてもファイトレメディエーション（植物によって土壌の汚染物質が吸収される現象）によって植物に吸収された汚染物質が，焼かれることで「ばいえん等」で大気に拡散されたことも考えられる。

技術で使用する物質が思わぬ被害をもたらせたり，副産物を発生させて予想外の被害が発生したりする。これら有害物質は，分子，または原子レベルでの反応が原因であり，人の感覚では容易に予見することはできない。したがって，これまでの環境汚染は，特定の技術による人への利益が広がった後で発生している。ゆえに事後対策が中心である。原子レベルで技術をコントロールするいわゆるナノテクノロジーは，現在開発途中であり，この微少な世界をあやつる操作が可能となれば，不足している知見も大いに解明されていく可能性も高まると考えられる。この解明が進むことによって汚染の未然防止（または予防）が進むだろう。

一方，原子力発電は，原子核，中性子といったナノテクノロジーより小さな世界をコントロールするものであり，その有害無益な副産物の α 線，β 線など放射線（医療に使用されるものなど例外はあるが）は，さらに小さい，操作困難なものである。これまでの事故について徹底的に分析して，予想される環境汚染を再度細心の注意を持って審査する必要があるだろう。環境汚染に対して知見不足であることは明らかであるが，不明な部分をそのままにして否定するのではなく，科学者，技術者が不明な部分を真摯な姿勢で認め，解明していくことが最も重要である。なお，政治的，経済的背景等から巨大なエネルギーを作り出すことができる原子力発電を一方的に進めたり，またリスクがわからないまますべてを否定するといった判断は，どちらも短絡的であり，発展的とはいえない。これまで積み重ねてきた知見は極めて重要な知的財産であり，全く不足

していたグリーン面での検討を行うことが必要である。

2・2　資源循環

2・2・1　視　点

　約5〜4億年前にオゾン層が形成されて以来，地球表面への紫外線の脅威がほとんど少なくなったことで地上に生物が生息し始め，繁栄と衰退を繰り返しながら現在の生態系を形成している。生態系は，地球上の物質循環に則しながら，無駄なく自然のなかで生存している。しかし，人類は自然科学によって自然のメカニズムを少しずつ解明し，同時に自然の物質の流れを見失っている。

　人類は，科学技術の発達によって特定の物質を資源として使用し自然の流れを変えてしまった。資源は，人によって「もの」または，「サービス」として消費される。その状態は，固体，液体，気体のいずれかの形をとり，消費後は，不要なものとして人の視線から遠ざけられることとなる。自然の物質循環に入り込めないものは，廃棄物として消費期間を遙かに超えて環境中に存在し，処理処分後も有害または危険な存在となってしまうものも少なくない。また，自然災害や事故によって，これまでの自然環境を大きく変え，生態系を変化または破壊してしまうこともある。[★2]

★2　資源循環の重要な視点である「減量化」は，資源の使用量を減少させることと，廃棄物を減量化させる方法とがある。
　前者は，製品開発の環境保全面からの新たな視点となっており，製品が人に与えるサービス（自動車・飛行機など移動，音楽・写真・通信など娯楽・生活必需品，衣食住に関した役務など）を保ち，資源投入量を減少させることがあげられる。製品の小型化や多機能化，減量化・減容化，運搬等のエネルギーの減少などがあげられる。効果が表れるには時間がかかるが，経営戦略の重要な項目であり，さまざまな研究開発が行われている。この考え方は，資源生産性の向上（資源投入量を減少させサービスを維持する），環境効率の向上（単位製品あたりの環境負荷量を減少させる）などで示されている。
　後者は，寿命を延ばすことで容易に廃棄物の減量化が可能になる。
　　　　通常の寿命［期間］／（延びた寿命［期間］＋通常の寿命［期間］）の率
で資源投入量が減少する。リユースが図られる場合も寿命が延びる場合と同様の効果がある。ペンキなどの塗装（高度な塗装としては溶射などがある），ものにカバー等をかける，

ものを大事に使用する，などさまざまな方法がある。また，リサイクルも使用済製品を他の原材料にしたり，化石燃料などエネルギー源として使用するため廃棄物の減量化，資源の減量化になり，資源生産性および環境効率の向上になる。したがって，前者の資源の減量化は，直接廃棄物の減量化に貢献することとなる。

　ただし，資源の減量化で製品の寿命が短くなると，廃棄物が増加するため，環境対策とは相反してしまい，害して環境汚染や環境破壊の原因となる。

　これらの考え方を正確に実行し，研究開発，実用化，普及が進められることによって，人類の生活が自然の循環に少しずつ近づいていくこととなる。

　この対処として，省資源策が図られ，減量化，リユース，リサイクル，および長寿命性の向上が漸次進められている。この方策は，どちらかといえば資源の安定供給の意図のほうが注目されているが，人工的な物質拡散増加を減らすことから環境保全面の向上が期待できる。サービスを確保するための資源であるエネルギーの供給においては，発電や移動などの設備・施設や，その施設を建設することによる自然破壊，廃棄された燃料（化石燃料は二酸化炭素，原子力発電では使用済燃料など）は，十分に環境に与える影響を検討されているとはいえない。例えば，自然エネルギーとされる太陽光発電，風力発電は，低いエネルギー密度であることから莫大な設備が必要となり，水力発電のように立地される地域の生態系を広く破壊してしまう恐れがある。黒部ダムでは，浚渫を流すことによってその汚泥によって海洋汚染まで発生させている。電気自動車は，都市など人口集中地域の窒素酸化物など大気汚染防止，酸性雨防止に機能しているが，発電所で発電の際に発生させている環境汚染や潜在的に存在してるハザードに関してはあまり注目されていない。自動車に使われるガソリンが電気エネルギーに代替されると莫大な発電所が必要だろう。エネルギー効率も，発電所における効率，送電等で失われる率，無駄に発電される電気などを考慮すると悪くなり，さらに発電設備と燃料が必要になる。[★3]

　また，事故によって発生する生産設備からの環境汚染について，被害の事前検討とその事前対処は一般公衆に広く認知されているとはいえない。発生確率の低いものは，リスク（ハザード×発生確率〔または曝露量：さらされる量〕）自体が小さくなるため，ハザードが小さいと錯覚している。注意すべき事故は，確率または曝露（よく起こる，または，良く曝される）が大きいものだけではなく，ハザードが大きいものも配慮しなければならない。また，アスベスト，タバコ，

P&T2-2　水力発電施設（黒部第四ダム：アーチ型ダム）

低放射線など少量ずつであっても，ガンなど突然大きなハザードが現れるものもある。

★3　水力発電は，自然の水の循環を利用した自然エネルギーであり，発電される電気はクリーンなものである。治水効果があり自然災害を防止したり，飲み水等生活に必要な上水道へ水を供給する機能もあり，衛生面でも重要な役割を果たしている。すべての再生可能エネルギーに共通の問題であるが，巨大な施設，または膨大な数の設備が必要なため莫大なメンテナンス（維持管理）が必要となる。また，設備建設に大量の資源が消費され，のちに廃棄されることになる。寿命が短いものは，廃棄される量がさらに増加する。自然エネルギーというと「環境によい」といった漠然としたよいイメージがあるが，さまざまな視点で評価する必要がある。

P&T2-2の黒部第四ダムは，堤高が186mで，有効貯水量は約1億5000万t（黒部湖の総貯水量は約2億m^3とされる）の巨大な施設である。発電容量は，33万5000kWで比較的小さな規模の原子力発電炉となる。ダムのメンテナンスのためにダムの底にたまった浚渫が排出されているが，河口の海域の生態系が破壊され，漁業に大きなダメージを与えている。ダムの建築自体でも自然環境に大きな影響を与えており，エジプトのアスワンハイダムなどでは，周辺環境を破壊し，伝染病を誘発・拡大させたり，河口域（地中海）の海域の生態系を変化させ漁業などに被害を与えている。

また，環境を議論する場合，人以外の生物に関する環境権，人の複雑な価値感に基づく景観保全など，さらに多くの視点がある。廃棄物の処理・処分施設の周辺など有害物質または放射性物質が存在する施設の近くに存在することで

惹起される精神的な不安による平穏無事な生活の侵害もある。自然の循環システムから外れた人為的行為は，人の価値観の相違や精神的な不安など非常に複雑な問題を秘めている。

2・2・2　廃棄物の循環的な利用

　わが国の廃棄物の処理および処分は，「廃棄物の処理及び清掃に関する法律（以下，廃掃法とする）」に基づき行われている。廃掃法は，「廃棄物の排出を抑制し，及び廃棄物の適正な分別，保管，収集，運搬，再生，処分等の処理をし，並びに生活環境を清潔にすることにより，生活環境の保全及び公衆衛生の向上を図ることを目的」(第1条)としている。第2条第1項において，「廃棄物」とは，「ごみ，粗大ごみ，燃え殻，汚泥，ふん尿，廃油，廃酸，廃アルカリ，動物の死体その他の汚物又は不要物であって，固形状又は液状のものをいう。」と定められている。この廃棄物の種類も都道府県が認可（廃掃法第4条第2項）した民間企業が処理・処分する産業廃棄物と，市町村が処理・処分の義務を負う（廃掃法第4条第1項）一般廃棄物に分けられる。廃掃法第2条第4項で産業廃棄物を①事業活動に伴って生じた廃棄物のうち，燃え殻，汚泥，廃油，廃酸，廃アルカリ，廃プラスチック類その他政令で定める廃棄物，②輸入された廃棄物（①に掲げる廃棄物，船舶及び航空機の航行に伴い生ずる廃棄物［航行廃棄物］並びに本邦に入国する者が携帯する廃棄物［携帯廃棄物］を除く。）と規定し，第2条第2項で，「一般廃棄物とは，産業廃棄物以外の廃棄物をいう。」としている。

　2011年3月に発生した福島第一原子力発電所の事故以前は，放射性廃棄物は，環境法の対象になっておらず，政府の法規制による行政区分も分けられていた。放射性物質を除く廃棄物は環境省が管轄しており，放射性廃棄物については，商業炉は経済産業省，研究開発等は文部科学省が管轄し，原子力委員会および原子力安全委員会は，内閣府内に設置されていた。これでは，放射性廃棄物の環境保全に関して総合的に政策判断することは困難といえる。

　廃棄物は，複雑多岐に排出され，含有物の確認も困難を極めているが，複数の行政が縦割りに非効率に管理している。さらに，わが国では2000年の第147国会で「循環型社会形成推進基本法」をはじめその他関連の三法（「建設工事に係る資材の再資源化等に関する法律」，「食品循環資源の再生利用等の促進に関する法

律」,「国等による環境物品等の調達等に関する法律」)が制定された以降,廃棄物を再生するための法政策が進められている。廃棄物を資源化することにより環境効率の向上が図れるが,廃棄物(処理処分対象物:無価物)と再生資源(生産材料:有価物)との区別が複雑になり,再生を行う際の監督官庁も経済産業省,国土交通省,農林水産省等縦割りとなっていることから,複雑な行政区分が,曖昧な廃棄物処理を悪化させる可能性を高めている。

　他方,2010年5月19日に改正された廃掃法第7条第1項および第2項では,一般廃棄物を収集および運搬または処分する際に「専ら」再生利用を目的とする者は,一般廃棄物処理業に関する規制を受けることはないことが定められている。産業廃棄物に関しても廃掃法第3条第2項に「事業者は,その事業活動に伴って生じた廃棄物の再生利用等を行うことによりその減量に努めるとともに,物の製造,加工,販売等に際して,その製品,容器等が廃棄物となった場合における処理の困難性についてあらかじめ自ら評価し,適正な処理が困難にならないような製品,容器等の開発を行うこと,その製品,容器等に係る廃棄物の適正な処理の方法についての情報を提供すること等により,その製品,容器等が廃棄物となった場合においてその適正な処理が困難になることのないようにしなければならない。」と定められ,事業者に対して再生利用の促進を進めることを促している。ただし,条文では「再生利用等」となっていることから,「等」の部分には,減量化,リユース,マテリアルリサイクル(使用済製品の分解,抽出分離などを行い再度原材料等として再利用すること),サーマルリサイクル(使用済製品の燃焼等を行い熱として使用すること)が含まれると考えられる。「循環型社会形成推進基本法」第2条第6項では,「再生利用」を「循環資源の全部又は一部を原材料として利用すること」とマテリアルリサイクルに限定しているが,第2条第4項では,「循環的な利用」の定義で「再使用,再生利用及び熱回収をいう。」と定めており,「等」となっていることで対象を広げて考えることができる。また,本条文では適正な処理のための再生利用等の開発,情報整備も定めており,廃棄物の循環利用にとって非常に重要な内容になっている。

　なお,一般廃棄物と同様に産業廃棄物も,廃掃法第14条第1項および第6項において,産業廃棄物処理業について収集および運搬または処分する際に「専

ら」再生利用を目的とする者は，当該法の規制を受けることはないことはないと定められている。すなわち，廃掃法では産業廃棄物が移動する際，その移動するすべての都道府県の許可が必要だったが，この規制が免除されることとなった。したがって，再生利用のための遠隔地の移動が容易になった。そもそもこの方針は，1971年に厚生省（現厚生労働省：当時の廃掃法の管轄官庁）が通知した「廃棄物の処理及び清掃に関する法律の施行について（昭和46年10月16日環整43号）」で，「産業廃棄物の処理業者であっても，もっぱら再生利用の目的となる産業廃棄物，すなわち，古紙，くず鉄（古銅等を含む），あきびん類，古繊維を専門に取り扱っている既存の回収業者等は許可の対象とならない」旨が示されていることから基本的な考え方は慣習化していたと推測される。

2・2・3　専ら物（もっぱらぶつ）

　社会科学によって環境保全をコントロールしようとしても科学技術の発展によって，絶えず修正が必要となってくる。「専ら物」とされる曖昧な表現の言葉は，不十分な自然科学面での知見を踏まえて，循環型社会の形成に柔軟に対処できるようにした苦肉の策と考えられる。ただし，再利用しない廃棄物を資源（再生利用となる資源）として取り扱い，移動しやすくすることで，不法投棄を誘発する虞もある。

　このような問題に対処するために，再生利用を目的としている「専ら物」とされている廃棄物は，廃掃法の規制を受けることはないが，再生利用等に関して複数の監督官庁が存在する産業廃棄物に関しては，処理委託に関して「委託契約書に添付すべき書面」の作成義務が定められている。すなわち，この委託契約書によって事業者が処理すべき廃棄物が再生目的であるか否かの証明としている。しかし，一般廃棄物にはこの書面の作成義務規定がない。市町村が処理主体となっているので，そもそも不要ということと考えられるが，PFI（Private Finance Initiative）の対象事業として，一般廃棄物処理・処分場の民間による管理なども行われているため，何らかのガイドラインが必要であろう。なお，PFIの本来の目的である公共コストの削減（単位コスト当たりのサービスの拡大）が十分に図られてはいない場合があるため，全国の市町村で統一したコンセンサスが必要である。わが国のPFI事業を規制する法は，1999年7月に交付さ

れた「民間資金等の活用による公共施設等の整備の促進に関する法律（以下，PFI法とする）」であり，第2条に対象となる施設として，「廃棄物処理施設」（公益的施設），「リサイクル施設」（その他施設）が定められている。このPFI法に基づいた柔軟な対応もすでに行われている。例えば，廃棄物の中間処理として燃焼を行う場合，カロリーが高い産業廃棄物と，生ゴミが多く水分量が高くカロリーが低い一般廃棄物を混合して燃焼する効率的な処理があげられる。この方法ではサーマルリサイクルを図る際にもコントロールがしやすく効率的な運営が可能となると考えられる。

また，専ら物については，不法投棄の防止などに機能するマニフェスト制（廃棄物について，運搬，焼却など中間処理，埋立など最終処分の処理進行過程のすべての段階を把握・管理するために廃棄物に伝票をつけ，記録するシステム）に関しても，廃掃法施行規則第8条の19第3項で専ら再生利用等を目的とする産業廃棄物は規制対象外と定められている。これは，個々の産業廃棄物の再生利用等をそれぞれ管理する官庁が管轄する各種リサイクル法で管理するためと考えられるが，それぞれの法律（管轄官庁ごと）間で整合性がない部分が複数有り，合理的運営は期待できない。企業が製品の物質循環を考えて，莫大な作業量を要するLCA（Life Cycle Assessment）分析を行い製品開発を行っても，縦割り行政による無駄な手続やデメリットが生じると大切で適切な環境保全へのインセンティブをつみ取ってしまうこととなる。特に高度な技術については，リサイクル等自体に多くの研究開発および高コストを生じるため大きなダメージになる。

2・2・4　廃棄物資源の循環的な利用および処分の基本原則

使用済製品の廃棄物と資源とを区分けする方法は，有価物として見なされるか否かで決められる。

廃棄物と有価物の分類は，1971年10月の廃掃法を運用するために政府から自治体へ通知した留意事項がその判断基準として現在も使用されており，「廃棄物とは，占有者が自ら利用し，または他人に有償で売却することできないために不要になったもので，占有者の意志，その性状等を総合的に勘案すべきものであって，排出された時点で客観的に廃棄物として観念できるものではない」

との内容となっている。この文書上の曖昧な判断が慣習化してしまったため，歪んだ経済的対処（違法処理，不法投棄など）が至るところで発生したと考えられる。この結果，自然科学に基づく廃棄物の適正な処理（減量化，リユース，リサイクル）も遅れたと思われる。

　廃棄物を再度有価物とする方法には，リユースとして，①中古品として再度製品価値を持たせたる，②修理などを行い使用可能にする，③使用済製品の全部または一部をその他の製品として使用する，リサイクルとして，①マテリアルリサイクル，②ケミカルリサイクル（使用済製品を製造の原料として利用），③サーマルリサイクル，がある。環境負荷を増加させない最も効率的な方法は，消費資源の減量化であり，その方法として環境効率向上または資源生産性の向上による単位物質当たりのサービス量増加があげられる（本書では，環境効率の向上について「第4章社会的責任4・3環境責任」で取り上げる）。

　特にマテリアルリサイクルは，正確なLCAデータによる環境リスクを分析しなければならないため，莫大なコストが必要となる。LCAで対象とすべき環境負荷の種類も膨大にのぼるため，現状では，ほとんどのLCAデータは整備されていないといってよい。最もデータが多いと考えられる二酸化炭素（地球温暖化原因物質）でさえも検討中の部分が多い。EU（European Union）では，RoHS指令（Directive on Restriction of the use of certain Hazardous Substan），Weee指令（Directive on Waste Electrical and Electronic Equipment），ELV指令（Directive on End-of-Life Vehicles）で有害物質の原則使用を禁止し，LCAの負担を少なくし再生を合理的に実施する支援を行っている。また，REACH規制（Registration, Evaluation and Authorization of Chemicals）では，環境リスクのハザードの部分であるMSDS（Material Safety Data Sheet）情報（「第3章リスクと安全性」で取り上げる）を整備している。

　一方，エネルギーとして再度有価物にする方法であるサーマルリサイクルは，国際的には最も優先度の低い資源循環手法とされている。その理由は，資源循環型社会推進に向けての検討が進んでいるドイツで1996年10月に施行された「循環経済の促進及び廃棄物の環境保全上の適正処理の確保に関する法律」（以下，循環経済廃棄物法とする）が欧州，日本，中国などをはじめ多くの国々で制定された資源循環に関した法律に大きな影響を与えたことによる。ドイツでは，

P&T2-3　循環経済廃棄物法（ドイツ）の体系と関連政令

─第一章 総則（1条～3条）
─第二章 基本原則（4条～21条）
　　◎素材的利用又はエネルギー利用の優先順位を具体化する政令（6条1項）
　　◎循環経済への要求基準について定める政令（7条1号，4号）
─第三章 製品責任（22条～26条）
　　◎製品の禁止，制限及び表示義務を具体化する政令（23条）
　　◎取引及び返還義務を具体化する政令（24条）
─第四章 計画責任（27条～36条）
─第五章 販売促進（37条）
─第六章 情報提供義務（38条～39条）
─第七章 監視（40条～52条）
─第八章 事務所組織及び事業所内廃棄物責任者（53条～55条）
─第九章 最終規定（56条～64条）
　　◎適正かつ無害利用及び環境と調和する処分の確保のために制定されるEU法規を実施する政令（57条）
※包装廃棄物の回避と利用に関する1998年8月21日の政令（包装政令）
※廃自動車の処理及び道路交通政令の適応化に関する1997年7月4日の政令
　　⇒循環経済廃棄物法の一環として，環境と調和し，廃自動車を再生利用するための自動車産業界による任意の1996年2月21日の自主規制声明書
※使用済み電池及び蓄電池の取引及び処理に関する1998年3月27日の政令　　等

出典：Der Bundesminister Für Umwelt, Naturschutz und Reaktorsicherheit informiert "UMWELTPOLITIK" 1990, 1992, 1999 より作成

　1991年に制定された「包装廃棄物の回避に関する政令」で廃棄物管理上の処理の優先順位を，①発生回避，②再利用，③処分としており，再利用においてはサーマルリサイクルよりマテリアルリサイクルを優先することを定めており，循環経済廃棄物法で体系的に廃棄物処理および再生利用等の統一的な考え方となった。

　この優先順位は，循環経済廃棄物法と関連政令（P&T2-3）に取り入れられ，廃棄物の減量化を再利用可能性から追求している[★4]。再利用には，エネルギー利用等まで規定の範囲に含まれており，最終的にはサーマルリサイクルによる利用を図ることになる。企業には環境負荷に対する製造物責任が課されており，製品の研究開発段階から原料採取，移動，生産，販売まで視野に入れた計画が必要となった。このことが本法が世界的に注目された原因といえる。循環経済

廃棄物法の施行によって製造物の廃棄段階の費用まで、メーカーが負担することとなり、環境コストが増大することとなった。ただし、マテリアルリサイクルをするために必要な廃棄物から資源または製品にする研究開発は遅れており、技術的に比較的容易で安価に再利用が可能なサーマルリサイクル（または熱回収）が行われる可能性が高い。プラスチックに関しては、極めて多くの高分子化合物が存在しており、マテリアルリサイクルで物性が安定した再生品を製造することは困難であり、国際的には油化（分子量を小さくしてゲルまたはゾル状にする）技術が普及している。そもそも化石燃料であるため、バージンの化石燃料の減量化に役立つとも考えられる。すなわち、無理にLCA情報がない（総環境負荷量が不明な）マテリアルリサイクルを進めるよりは、現状では合理的な環境対策であるだろう。環境対策を検討する場合、LCAに基づいた総環境負荷量がわからないまま、環境保全の安易なイメージのみで優劣を決めてしまう傾向があり、慎重な対応が必要である。特にエネルギーに関したものは技術的背景が難しく、エネルギーの安定供給政策とも関わるため、さらに細心な検討が必要だろう。

★4　ドイツで1991年に制定された「包装廃棄物の回避に関する政令」では、包装廃棄物の発生回避、リサイクル推進、残渣の適正処分が盛り込まれている。当政令は、1991年から1993年までに、段階的に施行された（1998年に前述の循環経済廃棄物法の施行に伴い改正）。また1994年には、ドイツ基本法（ドイツには憲法がないため憲法に相当する）の第20条aに「（次世代のための）生命の自然的基盤を保持すること」が新たに制定され、自然の物質循環に関する法制度の充実が図られた。また、ドイツは人口が分散しており、NRW州（ノルトラインウェストファーレン州）など山岳地域がないところでは、廃棄物処理場が新たに作れなくなっている。その背景には、廃棄物処理場の厳しい安全技術基準（廃棄物技術指針：TASi）の影響もある。

　次に示すわが国の「循環型社会形成推進基本法」第7条には、ドイツの循環経済廃棄物法で定められている廃棄物の処理の優先順位に準じた規制が定められている。法律で示している優先順位が最も高い「再使用」とは、リユース全般、「再生利用」とは、マテリアルリサイクル、「熱回収」とはサーマルリサイクルを意味している。

【循環型社会形成推進基本法第7条　循環資源の循環的な利用及び処分の基本原則】
　循環資源の循環的な利用及び処分に当たっては、技術的及び経済的に可能な範囲で、かつ、次に定めるところによることが環境への負荷の低減にとって必要であることが最大限に考慮されることによって、これらが行われなければならない。この場合において、次に定めるところによらないことが環境への負荷の低減にとって有効であると

認められるときはこれによらないことが考慮されなければならない。
一　循環資源の全部又は一部のうち，再使用をすることができるものについては，再使用がされなければならない。
二　循環資源の全部又は一部のうち，前号の規定による再使用がされないものであって再生利用をすることができるものについては，再生利用がされなければならない。
三　循環資源の全部又は一部のうち，第一号の規定による再使用及び前号の規定による再生利用がされないものであって熱回収をすることができるものについては，熱回収がされなければならない。
四　循環資源の全部又は一部のうち，前三号の規定による循環的な利用が行われないものについては，処分されなければならない。

2・2・5　拡大生産者責任

　減量化，リユース，リサイクルを中心とした循環型社会形成の促進に大きく貢献した制度に拡大生産者責任（Extended Producer Responsibility：EPR）があげられる。この考え方はOECDが提案したもので，わが国では，「循環型社会形成推進基本法」の第11条に定められている。当法における基本的な考え方は，第1項に「事業者は，基本原則（第7条循環資源の循環的な利用及び処分の基本原則）にのっとり，その事業活動を行うに際しては，原材料等がその事業活動において廃棄物等となることを抑制するために必要な措置を講ずるとともに，原材料等がその事業活動において循環資源となった場合には，これについて自ら適正に循環的な利用を行い，若しくはこれについて適正に循環的な利用が行われるために必要な措置を講じ，又は循環的な利用が行われない循環資源について自らの責任において適正に処分する責務を有する。」と事業者自らの製造物に関して環境責任を課している。ただし，縦割り行政のもとさまざまなリサイクル法が制定され，規制内容に整合性がとれていないため，非効率的な法の運用となっている。例えば，マテリアルリサイクルのためのリサイクル料金の徴収の時期が，「使用済自動車の再資源化等に関する法律」では購入時であり，「特定家庭用機器再商品化法」では廃棄時である。また，容器に関しては製品価格に含まれ，回収は自治体がほとんど行い，再生は第三者である容器リサイクル協会がイニシアティブをとり，容器利用者からリサイクル費用を徴収し再生業者へリサイクルを委託するシステムをとっている。また，ビール瓶（1瓶5円）やコーラの瓶（1瓶10円）のように事業者が独自でデポジットを行っているも

のもある。ただし，プラスチック製の容器は，前述の通りマテリアルリサイクルが困難なため，その多くが焼却処分されている。技術的（単一の種類のプラスチックがほとんどを占めるもの）または経済的視点（単一のプラスチックが大量に回収できるもの）からマテリアルリサイクルできるものはPET（Polyethylene terephthalate）または，一部のPP（Polypropylene）などに限られている。

また，「循環型社会形成推進基本法」第11条第2項には，製品，容器等の環境デザインおよび環境情報の公開について，「製品，容器等の製造，販売等を行う事業者は，基本原則にのっとり，その事業活動を行うに際しては，当該製品，容器等の耐久性の向上及び修理の実施体制の充実その他の当該製品，容器等が廃棄物等となることを抑制するために必要な措置を講ずるとともに，当該製品，容器等の設計の工夫及び材質又は成分の表示その他の当該製品，容器等が循環資源となったものについて適正に循環的な利用が行われることを促進し，及びその適正な処分が困難とならないようにするために必要な措置を講ずる責務を有する。」と定めており，各種リサイクル法の基本的な方針ともなっている。しかし，廃製品の成分等情報の不足や効率的な生産が未だ十分に整備していないことなど問題が多い。

容器包装に関しては，身近な問題であるため一般公衆からも廃棄物の処理の優先順位の基本原則に対する矛盾点が指摘されている。「容器包装に係る分別収集及び再商品化の促進等に関する法律（以下，容器包装リサイクル法とする）」第2条第8項第1号には，「自ら分別基準適合物を製品（燃料として利用される製品にあっては，政令で定めるものに限る。）の原材料として利用すること。」とされ，廃棄物処理の基本原則に例外を認め，サーマルリサイクルを容認している。技術的な状況から考え合理的な方針と考えられるが，将来の目標であるマテリアルリサイクルの推進と相反しているとして強い反対を唱えるものも多い。一般廃棄物（行政が処理の主体）に関することであるので環境を主務とする行政は，技術予測に基づいた技術ロードマップを示し，現状での妥当性を明確に説明すべきであろう。政令（容器包装リサイクル法施行令第1条：2006年制定，2007年施行）では，「燃料として利用される製品」を次のように示している。

　① 主として紙製の容器包装であって次に掲げるもの以外のものに係る分別基準適合物を圧縮または破砕することにより均質にし，かつ，一定の形状

に成形したもの
　　イ　主として段ボール製の容器包装
　　ロ　飲料を充てんするための容器（原材料としてアルミニウムが利用されているものを除く。）
　②　主としてプラスチック製の容器包装（飲料またはしょうゆを充てんするためのポリエチレンテレフタレート〔PET〕製の容器その他その容器に係る分別基準適合物を燃料以外の製品の原材料として利用することが容易なものとして主務大臣が定めるポリエチレンテレフタレート〔PET〕製の容器を除く。）に係る分別基準適合物を圧縮または破砕することにより均質にし，かつ，一定の形状に成形したもの
　③　炭化水素油
　④　水素および一酸化炭素を主成分とするガス

さらに，当該政令が制定された同年に，告示された「容器包装に係る分別収集及び再商品化の促進等に関する法律第三条第一項の規定に基づく，容器包装廃棄物の排出の抑制並びにその分別収集及び分別基準適合物の再商品化の促進等に関する基本方針」（改正 平成18年12月1日 財務省，厚生労働省，農林水産省，経済産業省，環境省）では，プラスチックのリサイクルについて，ケミカルリサイクルも含め次の内容が示されている。

　五　分別基準適合物の再商品化等の促進のための方策に関する事項
　　1　容器包装の種類ごとの対応
　　（4）　プラスチック製の容器包装
　　　プラスチック製の容器包装（ペットボトルを除く。）の再商品化に当たっては，まず，ペレット等のプラスチック原料，プラスチック製品，高炉で用いる還元剤，コークス炉で用いる原料炭の代替物，炭化水素油，水素及び一酸化炭素を主成分とするガス等の製品の原材料としての利用を行い，それによっては円滑な再商品化の実施に支障を生ずる場合に，固形燃料等の燃料として利用される製品の原材料として緊急避難的・補完的に利用する。当該燃料の利用に当たっては，環境保全対策等に万全を期しつつ，特に高度なエネルギー利用を図ることとする。

したがって，プラスチック製の容器包装に関しては，ケミカルリサイクルやサーマルリサイクルによってエネルギー利用が可能であることが認められ，一般公衆からはプラスチックゴミの分別回収に対して無駄な努力ではないかとの

疑問が多く示された。環境省ホームページに記載された「容器包装リサイクル法とは」で示された「その他（1）プラスチック製容器包装のサーマルリカバリー（平成19年4月施行）」では，「市町村による分別収集の拡大により，今後の5年間でプラスチック製容器包装の分別収集量がリサイクル可能量を上回る可能性があることから，このような場合の緊急避難的・補完的な対応として，プラスチック製容器包装を固形燃料等の原材料として利用することをリサイクル手法として認めることにしました。」との発表もされている。経済的，技術的に無理にマテリアルリサイクルを進めても却って，無駄で不安定な法令運営になってしまうことから，先進諸国の制度を導入する前に，現状分析を十分に行う必要がある。

　わが国の廃棄物処理は，海外の国と大きく異なる点として中間処理としてほとんどが焼却されていることがあげられる。燃料による化学反応でダイオキシン類等の発生など有害物質の発生が問題となっているが，（生活できる）国土が狭いことから必然的に生じた現状であるため，当面はサーマルリサイクルでの対応も前提に対処していく必要がある。基本的には，廃棄物処理の優先度が最も高い減量化が進んでいくことが予想されるため，マテリアルリサイクル，サーマルリサイクルの実現可能性を経時的に分析し，ロードマップを作成し対処していく必要があるだろう。

2・3　エネルギーの供給

2・3・1　供給源の変化

　エネルギーの供給源は，科学技術の発達によって変化してきている。この背景には，化石燃料の枯渇と（強国を中心とする各国の国際戦略なども含んだ）高騰，および地球温暖化効果があり，さらに原子力発電の事故による環境リスクも少なからず影響している。

　人類は，自然からエネルギーを得ることができるようになり，気象現象である風（大気）を動力とし，水車やダムで水（雨）の位置エネルギーを利用し，太陽光（熱）から直接熱エネルギーを得ることなどができるようになった。こ

P&T2-4 大雪は大量の冷熱エネルギー（雪に埋まった車）

の他，北欧で5世紀頃から利用が確認されている雪氷による冷熱エネルギーの利用[★5]（わが国では，北陸から北日本で行われていた農作物等の冷蔵用氷室などがある），温泉など地熱を利用した熱利用（近年では暖房，温室などにも利用）などがある。近年開発されているものには，下水，海洋の水深の違い等の温度差を利用した温度差エネルギー（煙突，人の体と気温差などを利用した装置も開発されている），潮の満ち引きによる海水の流れを利用する潮力エネルギー（第二次世界大戦中にエネルギー不足に陥ったドイツがジブラルタル海峡で壮大な計画を行っていたとされる），波の力をエネルギーに変える波力エネルギーなどがある。

★5 大雪は，雪国の人々にとっては全くの邪魔者である。自動車が埋まってしまうような事態は多々あり，雪下ろし，雪かき（場所によっては雪堀）は大変な苦労となっている。牡丹雪が降っている際に2〜3時間駐車場に止めたままにしただけで大雪が積もり，写真（P&T2-4）のような状態になってしまうこともある。地球温暖化によって極端に雪が減少している現在，気候変動の恐れより，むしろ苦労が減った安堵感の方が強い。しかし，昔はこの自然現象をうまく利用し，冷蔵庫が無かった時代に冷蔵庫のエネルギーとして利用していた。この雪は，いわゆる冷蔵庫，冷蔵倉庫，クーラーのエネルギー源とすることができ，夏の莫大なエネルギー（化石燃料を燃やして電気を作り冷熱を得る，非常に非自然的なエネルギーの利用）の代替となると極めて自然に調和した合理的な利用となる。

すでに，この雪を夏まで貯蔵し，学校など建物のクーラーや冷蔵倉庫のエネルギー源（冷熱エネルギー）にする技術開発が行われており，わが国では北海道，新潟などで実用化されている。現在でもピロティー（piloti：建物の一階部分に空間を設けたところ）や地下または半地下の空間を作り氷室を設け冷蔵庫として使用している地域がある。やっかいな雪を逆手にとった自然エネルギーとしての実用的な利用である。

この自然から繰り返し得られる再生可能エネルギーは，自然の物質バランスを変化させないことから，環境保全が可能なエネルギーとして注目されている。しかし，バイオマスエネルギー（緑色植物など生物体の総量）は，カーボンニュートラルな状態を超えて燃料および材料で消費されてしまうと，光合成量（二酸化炭素の吸収，酸素の供給）が減少し，地球上の物質バランスが変化してしまう。特に赤外線を吸収する性質（熱を大気に貯蔵する）がある二酸化炭素の増加は，地球温暖化を悪化させてしまう可能性がある。人類は，18世紀頃から先進国を中心とした戦争，人口増加等で大量に薪等バイオマスを燃料として大量に使用するようになり，エネルギー不足が深刻となり，同世紀末から英国から始まった産業革命によって化石燃料である石炭が大量に使われ始めた。その後石油，天然ガスへと，オゾン層が形成されて以降5億年程度の時間をかけて生物の死骸から生成された化石燃料を急激にエネルギー源として使用しはじめ（化石燃料から燃焼による気体の二酸化炭素への転換），5億年以上前の地球上の大気の二酸化炭素の濃度へと戻している。

　二次エネルギー（化石燃料〔一次エネルギー〕などを電気などに加工して作られたエネルギー）が開発されてからは，電気エネルギーが世界的に普及し，国際標準化機構（International Organization for Standardization：ISO）よりはやく，国際電気標準会議（International Electrotechnical Commission：IEC）によって国際的な電気に関する規格が作られている。電気は，国家の主要エネルギーとなり，家庭のコンセントから電気が供給されるのが当たり前のようになっている。わが国をはじめ多くの国々では生活，セキュリティーなど電気に頼っているところが多く，発電所の立地，将来計画は国家政策として重要な位置づけとなっている。わが国では電力会社それぞれが国民の生活，国家の安全保障と大きく関係しており，電力供給におけるCSR（Corporate Social Responsibility：企業の社会的責任）は極めて重い。都市の公害対策の回避（または快適性）のために電気自動車の普及が進みつつあるが，現在のガソリンから得られるエネルギーをすべて電気に置き換えることになると，電気はさらに重要なエネルギーとなる。[★6]

　★6　風力発電施設は，再生可能エネルギーの中では比較的大きな発電容量（約800～2000kWのものが多い。大きいものは4000kW以上のものも建設されている）を得ることが

P&T2-5 青森県野辺地 風力発電施設

でき，世界的に最も普及している。しかしエネルギー密度は，火力発電所や原子力発電所で得られる数十万から百数十万kWに比べると極めて小さい（1原子炉分で風力発電設備1000基程度が必要）。わが国の電気から得られるサービスを維持し，原子力または火力発電炉を代替すると莫大な建築面積が必要となるだろう。オフショアで行うとしても莫大な海域が必要となり，漁業権との対立，メンテナンスの実施など問題が多い。

　また，P&T2-5に見るように風力発電施設は数十万ボルトの送電線鉄塔よりも大きく，建築に必要な資材に莫大な資源（鉄，プラスチック〔ブレード〕，電子機器など）が必要となる。また寿命も十数年程度であり，嵐，台風，高気温など自然の変化によって修理修繕の必要頻度も多い。さらに，わが国のように電力会社が独占的に送電も行っているところでは，系統電源が少なく，新たに送電線網等インフラストラクチャーの整備も必要となり，さらに莫大な資源の投入が必要となる。太陽光発電に関しては，一軒あたり2〜4kW程度で有り，原野を切り開いて（自然〔生態系〕を破壊し）に建築する場合は，土台など資源の投入でさらに大量の資源が必要となる。

　したがって，わが国では現在の電力のサービスを維持したまま自然エネルギーにすべて，または多くを代替すると却って自然破壊を引き起こすことになる。電源のバランスを考え，自然に与える影響（失われる自然）をよくアセスメントした上でエネルギーの供給計画を行う必要があるだろう。一度失われた自然は容易に戻ってくることはないため，よく審査されることが望まれる。

　現在の電気エネルギーの供給に関しては，ポジティブスクリーニング（よいところを抽出）で検討してもあまり意味がなく，長期的な視点で考えたネガティブスクリーニングをさまざまな角度（自然科学，社会科学面の双方）から検討し，デメリットの少ない方，または改善の可能性のあるものを選択し，導入のロードマップを作成していかなければならない。

　また，戦争のための兵器として開発された核爆弾を，1953年12月に平和利用することを米国のアイゼンハワー（Dwight David Eisenhower）大統領が国際

連合総会で世界に訴えている。この背景には，同年に旧ソ連の水素爆弾実験に成功したことで，米国を中心とする西側諸国と，旧ソ連を中心とする東側諸国で核爆弾で威嚇された対立が危機的状態になってしまったことがある。アイゼンハワーは，"Atoms for Peace"を提唱し，IAEA（International Atomic Energy Agency：国際原子力機関）憲章が関連主要18ヵ国の批准で発効している（IAEAの国際機関としての設立は，国際的なさまざまな議論をへて1957年である）。その後多くの国で，IAEA憲章の目的である「全世界の平和，保健および繁栄に対する原子力の貢献を促進し，増大するよう努力すること」に基づいて原子力発電の普及が計画されている。原子力発電に関する研究開発は，当初原子爆弾の核反応である核分裂と水素爆弾の核反応である核融合の両方で行われたが，現在はウラン235を3〜5％に濃縮した燃料を使用した核分裂による発電（軽水炉）が国際的に最も普及している（「第1章1・2科学の細分化」参照）。

　原子力発電は，火力発電と同様に莫大な熱によって生じさせた蒸気でタービンを一定速度で回転させ発電を行う。メリットとして少量の燃料で大量の熱を発生させることができるが，デメリットとして使用済燃料自体について人為的に放射能を減衰することができないことがある。火力発電所も，化石燃料を大量に地球温暖化の原因物質である二酸化炭素を大量に大気に放出している。したがって，自然に逆らって大量にエネルギーを得ることに対しての環境影響の対処は未だ不十分のままということになる。現在，最も必要な研究開発は，このような人為的行為に関した自然に与える影響を短期的，長期的に予測，評価する方法だろう。ネガティブリストによる規制（悪いとわかったものが発見された場合に，そのものについて使用禁止，または頻度，濃度などを抑制する規制）のように，原子力発電所のリスクが表面化したことで，リスクが不明確なもの，またはイメージだけで環境負荷が少なそうなもの，慢性的に環境破壊を発生させていくものなどを拙速に判断し普及させていくことは極めて非合理的である。客観的に判断できる科学者による議論を進めるべきであろう。

　他方，1960年にフランス，1964年に中国が核実験成功したことによって，国際社会に核爆弾で威嚇できる国が増加し，その危機的状況を回避するためにNPT（nonproliferation treaty：核兵器の不拡散に関する条約）が1970年に発効されている。発効当初は，核爆弾を新たに保有したフランス，中国は不参加だった。

NPTには大きな矛盾がある。核爆弾自体を世界から廃止するわけではなく，国際連合の安全保障理事国である米国，ロシア，英国，フランス，中華人民共和国は核爆弾の保有を許されていることである。したがって，これら国々と対立する国などは，NPTに反して威嚇のための核爆弾を保有していくこととなる。また，核爆弾は，自然に99.7%存在するウラン238を核反応（原子力発電所の原子炉で起こっている反応）させることで原料のプルトニウムを作ることができる。このため，プルトニウムを原料とする核爆弾が多い。わが国のようにNPTで核爆弾を保有できない国は，原子力発電所で発生したプルトニウムについてIAEAの厳しい監視を受けている。また，プルトニウムを再度エネルギーとして利用する際も酸化物と混合しMOX燃料（Mixed OXide Fuel）としている。今後，国際社会が平和に関して十分に理解が進めば，核爆弾を廃棄しなければならなくなるが大量のプルトニウムの処理・処分が必要になるだろう。おそらく原子力発電所での燃料として利用されていくと思われる。

次項以降では，エネルギー供給として，原子力エネルギーに的を当てて議論する。

2・3・2 環境保全と原子力エネルギー

環境基本法では，「環境の保全に関する施策を総合的かつ計画的に推進し，もって現在及び将来の国民の健康で文化的な生活の確保に寄与するとともに人類の福祉に貢献することを目的」（第1条より抜粋）としているにもかかわらず，2012年3月現在，第13条において「放射性物質による大気の汚染，水質の汚濁及び土壌の汚染の防止のための措置については，原子力基本法その他の関係法律で定めるところによる。」と規定されている。また，「使用済物品等及び副産物の発生の抑制並びに再生資源及び再生部品の利用の促進を目的」（第1条より抜粋）としている「資源の有効な利用の促進に関する法律」においても，第2条で「この法律において「使用済物品等」とは，一度使用され，又は使用されずに収集され，若しくは廃棄された物品（放射性物質及びこれによって汚染された物を除く。）をいう。」と定められており，廃棄物の処理・処分，使用済物品等の循環的な利用，および核燃料の使用・使用済燃料の利用（プルサーマル[★7]によるMOX燃料，高速増殖炉〔Fast Breeder Reactor；FBR〕による使用）について除外

されている。少なくとも，本書を書いている2012年3現在までは，放射性物質による環境汚染は，廃棄物処理のみではなく，わが国の総合的な環境保全施策とは切り離して進められてきている（今後の国会の議論中で変更されていくと考えられる）。

例えば，循環資源の循環的な利用および処分の基本原則で参考にしているドイツでは，環境・自然保護・原子力安全省（ボン）が，環境行政および原子力安全行政を所管しており，原子力施設の設置認可に関する許認可は州政府が行っている。ドイツでは，環境保護を所管している行政機関が原子力施設に関する規制を行うことが以前より当然として実施されている。わが国の国民は，行政に環境問題を頼っている部分が多いことから，原子力の環境保全を目的とした法律が必要であると考えられる。

★7　NPT（核兵器の不拡散に関する条約）で，原子爆弾に使用されているプルトニウムが不用または余剰となり，当初は高速増殖炉での燃料源として複数の国で試みられたが，研究開発に行き詰まり中止となった。その代替策として，軽水炉で当該プルトニウムを燃料の一部として使用することをプルサーマルと称している。正式には，"Plutonium Use in Thermal Reactor"というが，わが国で略して"Plu-Thermal"と呼んでいたものが国際的に使われるようになり，すでに，ドイツ，フランス等先進国の多くで行われている。NPTでは，プルトニウム単体の使用を禁止しているため，実際にはプルトニウムとウランを混合させたMOX燃料として使用されている。しかし，繰り返し燃料として使用することによってサマリウムなど核反応に障害になる物質の生成もあり，複数回の再利用は注意が必要だろう。

ウラン燃料を使用した原子力発電所原子炉中でも，中性子が照射された際にプルトニウムが生成され，そのプルトニウム自体も中性子の照射によってすでに核反応を行っている。使用済燃料には，新たに生成された放射性物質であるプルトニウム（人為的に生成された放射性物質：90％以上に濃縮すれば核爆弾の原料となる）が含有されているため，MOX燃料を生成するための核廃棄物再処理施設は，IAEAによって監視されている。

わが国では，プルサーマル計画について強い反対運動があったため，実施時期が遅れたが，2009年12月に九州電力で海外より購入したMOX燃料を使用し玄海原子力発電所（**P&T2-6**）第3号機で混合燃焼によって営業運転（試運転は2009年11月）が実施された後，四国電力伊方原子力発電所（2010年3月営業運転），東京電力福島第一原子力発電所（2010年10月営業運転）と実施され，全国的に進められていた。ただし，東京電力柏崎刈羽原子力発電所では，2001年にプルサーマル実施の是非について住民投票が実施され，反対派が過半数を占めて計画が頓挫し，搬入されたMOX燃料が原子力発電所構内に貯蔵されることとなった。そもそもMOX燃料を使用した発電は，濃縮ウラン燃料を使用した場合より高コストとなるため，電力会社自体の経済的負担は大きくなる。しかし，ウラン燃料自体いずれ枯渇する燃料であるため原子力発電を続けていくには何らかの対策が必要である。

P&T2-6　わが国で最も早くプルサーマルを実施した九州電力玄海原子力発電所

　わが国のようにエネルギー需要が多いが供給源がほとんどない国においては，国家の安全保障面，エネルギーの安定供給の面から政府による特別の管理が必要であることは理解できる。1973年および1979年のオイルショック後，わが国のエネルギーの供給において輸入に頼らなければならない石油を代替することが進められた。代替エネルギーで最も注目されたのは，原子力エネルギーである。当時は，原子力の平和利用が国際的に注目されており，わが国の科学技術の発展が国民からも望まれている傾向もあり，原子力発電実施への期待が高まっていた。1980年には「石油代替エネルギーの開発及び導入の促進に関する法律」が制定され，原子力発電が新エネルギーに定められ，将来を担う主要なエネルギーとして普及拡大が計画されている。この政府の方針に基づいて原子力発電に関する研究開発が旧科学技術庁（研究段階）および旧通産省・電力会社（商業段階）で積極的に進められることとなった。

　しかし，政党間（自由民主党と旧社会党など）でハザードが大きい原子力発電の導入について意見の大きな相違があり，原子力発電立地の反対運動も発生した。この対処として，発電用施設の立地促進を円滑にすることを目的として，電源立地のメリットを地元に還元する（発電用施設周辺の公共施設整備を促進，地域住民の福祉の向上）ために電源三法が1974年に制定されている。まず，この交付金政策によって新潟県柏崎・刈羽原子力発電所の立地が進められた。財源

は，電力会社から販売電力量に応じ税を徴収し，これを歳入とする特別会計を設け，この特別会計からの交付金等で発電所立地地域の基盤整備や産業振興を図っている。この三法は，電源開発促進税法（1000kWhにつき375円の税率で徴収〔2012年3月現在〕），特別会計に関する法律（一般会計より各種交付金を規定），発電用施設周辺地域整備法（電源立地地域振興対策交付金等を規定）であり，原子力発電所立地に大きく寄与している。この他，2001年4月からは原子力発電立地促進のために「原子力発電施設等立地地域の振興に関する特別措置法」が10年間の時限立法で施行されている。ただし，地方公共団体へ配分される交付金は支出内容が制限されており，建物，いわゆるはこもの建築が多くなり，そのメンテナンス費用がその後にも必要となっていき，十分に地域に役立っていたのか疑問である。

　商業用の原子力発電所は，わが国では1966年7月に茨城県那珂郡東海村で日本原子力発電株式会社の東海発電所が16.6万kWの原子炉を稼働して以来次々と建設が進み，2011年3月に福島第一原子力発電所で事故が発生した時点で54基の原子炉が営業運転を行っており，新たな原子炉が14基建設中または着工準備中だった（ただし，わが国の原子力発電所は定期点検等を頻繁に実施するため，設備利用率は2008年度で約60％である）。新規のものは既存のものより大型化され，リスク対策も進められていた。この時のわが国の原子力発電の設備容量は，4,884.7万kWにのぼっており，計画中等のものだけでも1,930.8kWある。発電電力量は，2,577.9億kWhである（原子力発電は，一度発電を行うと定期検査まで停止することがないため，水力や石油のような電力量の調整ができないため，消費電力の率では低くなると考えられる。なお，工場の夜間操業や電気自動車の充電など夜間電力が大量に使用されれば消費率も向上する）。わが国の経済成長に対応するために，大量のエネルギーを確保（または安定供給）する手段として，最初の原子力発電の導入から急速に原子炉を増設していったと考えられる。

　2008年度の経済産業省資源エネルギー庁の統計によると，わが国の発電設備容量は，全体で2億3,890万kWあり，各発電方法の割合は，原子力が20.1％，水力19.4％，石油18.3％，石炭15.7％，LNG（Liquefied Natural Gas：液化天然ガス）25.1％，その他再生可能エネルギー等1.4％である。また発電電力量については，わが国全体で，9,915億kWhで，原子力が26.0％，水力7.8％，

石油10.3％，石炭25.2％，LNG28.3％，その他再生可能エネルギー等2.4％となっている。水力発電や火力発電は，停止状態から比較的早く発電可能である（数分から数時間）ため，電力調整用として使用されており，設備利用率は非常に低くなる。

　国際的には，米国のスリーマイル島の原子力発電所事故（1979年）以降，原子力発電所設置が下火になっていき建設需要が減少していたが，わが国は原子力発電所立地推進の立場を守り通したことから，国内だけで十分に大きな建設需要があり，関連企業（原子炉メーカー：東芝，日立製作所，三菱重工，および電子制御メーカー：東芝，三菱電機など）も技術開発へのインセンティブを持つことが可能になった。また，旧科学技術庁（現文部科学省）で実用化までの研究開発が行われ，旧通産省（経済産業省）と電力会社で商業化（普及）のための技術開発が展開され，海外においてはほとんどが民間で行われている研究開発が税金（国）によって実施されたことから，民間企業の原子力発電普及を加速させたといえる。しかし，縦割り行政の弊害として，基礎研究から実用化，普及と段階によって異なる行政機関が行うといった極めて非効率なことが実施されてしまったことは極めて残念なことである。研究開発から商業化へ移行する際の技術に関しても無意味な障害が起きていたと思われる。

　さらに，経済産業省（原子力安全保安院）と内閣府（原子力委員会，原子力安全委員会）の2つの行政機関が関わる原子力のリスク対策（行政は安全対策と言っている？）を，ダブルチェックとしているが，双方で十分に調整をしなければ単に2種類のシステムが混在しているだけとなる。民間企業サイドは，直接的には経済産業省の監督を受けるだけであるので，経済産業省と文部科学省，および内閣府とが原子力行政（特に安全管理）について十分にコンセンサスを持って連絡を密にしていなければ，非効率的な管理に陥ってしまう可能性もある。政府の商業用原子力発電所に関するリスクマネジメントは極めて悪かったと考えられる。また，わが国政府の大きな問題である行政からの天下りも定常化してしまっているため，これまでの状況を明確に情報公開し，遡及効果を持った対策を進めていくべきであろう。巨大な資金（多くの公的資金）を投じての高度な技術の研究開発，実用化において，行政ではない公益組織によって実施されているマネジメントを根本から改善する必要がある。

トピック2-1　米国スリーマイル島（TMI）原子力発電所事故

　米国のペンシルベニア州スリーマイル島（Three Mile Island：TMI/サスケハナ川の中州で周囲が3マイルあるためスリーマイル島とされる）は，1979年3月28日に発生した原子力発電所の事故で，世界的に注目された。原子力発電所はGPUニュクリア社が所有しており，運転は地域の電力会社であるメトロポリタン・エジソン社が行っていた。原子炉は，加圧水型軽水炉（PWR）が2基あり，事故が起きた2号機は定格熱出力が277万kw，電気出力が96万kwで，事故発生時は定格出力の97%で営業運転中だった。この事故は，原子炉冷却材喪失事故（Loss Of Coolant Accident：LOCA）とされ，国際原子力事象評価尺度（International Nuclear Incident Evaluation Scale：INES）におけるレベルで5（事業所外ヘリスクを伴う事故）と指定された。

　事故発生時に，安全装置が働き自動的に制御棒を炉心に全部入れられ，核反応を停止させ，冷却材喪失事故を防止する装置である緊急炉心冷却系（Emergency Core Cooling System：ECCS）が作動したが，作業員の運転ミス（冷却材［水］が沸騰した際に蒸気泡が水位計に流入して加圧器水位が正確な数値を示さなかった）によってECCSを手動で停止したため異常な反応が発生したとされている。

　メトロポリタン・エジソン社は，1969年11月に建設認可を受け，1978年3月に初臨界に達した後，試運転中に故障が相次ぎ，1978年12月30日から営業運転を行っていた。原子炉はバブコック・アンド・ウィルソン社（B&W）製の加圧水型軽水炉（PWR）を採用していた。

　この事故をきっかけに国際的に原子力発電所のリスクに対して注目が集まり，原子力発電所建設，および運転に対して反対運動が起こった。スウェーデンでは，原子力発電所廃止をめぐって国民投票が行われ，1980年に国会で「原子力は持続可能な社会の電源としてふさわしくない」と決議され，稼働中および建設中の原子炉12基の廃止が決定した。電力会社はこの決議を不服として最高裁判所に提訴したが認められなかった。この背景には，バルセベック原子力発電所の対岸にあるデンマーク（比較的近い距離）からの廃止の要求もある。その後，原子力発電所を運営する電力会社シドクラフト社と，スウェーデン政府および国営電力会社バッテンフォール社との間で補償協定が成立し，1999年11月30日，バルセベック1号機（出力61.5万kw）が運転を停止した。2005年5月31日には，バルセベック原子力発電所2号機が閉鎖され，当該原子力発電所は強制閉鎖された。2号機の閉鎖には，国会の審議の際に省エネルギー，非化石燃料発電等（バイオガスなど）で年間40億kWhの電力損失が供給できた場合に閉鎖との条件があった。しかし，スウェーデンでは，反対運動があった1980年以降も原子力発電による電力供給が増加し，2010年には45%程度まで上昇している。したがって，スウェーデンの産業界や労働組合は，電力不足を懸念して原子力発電所閉鎖に反対している。経済面からは難しい問題が多い。

　また，スリーマイル島（TMI）原子力発電所の近く（約4km離れたところ）にハリスバーグ国際空港があり，飛行機が原子炉に墜落する確率が1年に100万分の1を越えると予測されており，スリーマイル島原子力発電所の原子炉格納容器は米国の安全基準に則り，強固なコンクリートで作られていたことが事故の拡大を防いだとも考察されている。わが国の四国電力伊方原子力発電所（愛媛県西宇和郡伊方町）でも2号機増設について

1978年6月9日に松山地方裁判所へ周辺住民から提訴された許可取消の求めにおいても争点に「航空機墜落の危険性」が述べられている。しかし、松山飛行場から伊方原子力発電所までは遠距離であり、明確な墜落の確率が示されなかったことなどから2000年12月15日、松山地裁は住民の請求を棄却している。

なお、国際原子力事象評価尺度とは、IAEAとOECD・NEA（経済協力開発機構・原子力機関）が検討し、1992年3月、各国に提言したものである。尺度は0～7段階まで8つに分類されており、一般公衆へのわかりやすさを配慮して作成されている。影響の範囲は、基準1：事業所外への影響、基準2：事業所内への影響、基準3：深層防護の劣化に分けられ、マトリックスでレベルが、対象外：安全性に関係しない、0：安全上重要でない事象、1：逸脱、2：異常事象、3：重大な異常事象、4：事業所外への大きなリスクを伴わない事故、5：事業所外へリスクを伴う事故、6：大事故、7：深刻な事故、に分類されている。

2・3・3 原子力発電で発生する廃棄物

原子力発電によって発生した高レベル放射性廃棄物いわゆる使用済燃料は、現在は青森県六ヶ所村核廃棄物リサイクル施設内に中間貯蔵（30～50年）されている。使用済燃料とは、「核原料物質、核燃料物質及び原子炉の規制に関する法律」第2条第8項で「原子炉に燃料として使用した核燃料物質その他原子核分裂をさせた核燃料物質」と定義されている。貯蔵の最初の段階では使用済燃料は200℃であることから、2～3年をかけて特別の貯蔵施設で100℃まで冷却させ、その後、キャニスターに入れられ貯蔵されることとなる。この冷却の際に発生する熱の利用（サーマルリサイクル）について現在研究が進められているが、まだ実用化には至っていない。

また、中間貯蔵後、放射線を発生しなくなるまで（放射能がなくなるまで）数万年貯蔵しなければならない最終処分に関しては、未だ処分地が決まっていない。放射線とは、「原子力基本法」第3条第5項で、「電磁波又は粒子線のうち、直接又は間接に空気を電離する能力をもつもの」と定義される。

最終処分とは、使用済燃料を再処理したのちに残存するもの（固形化したもの：特定放射性廃棄物〔特定放射性廃棄物の最終処分に関する法律 第2条第1項〕）を、「地下三百メートル以上の政令で定める深さの地層において、特定放射性廃棄物及びこれによって汚染された物が飛散し、流出し、又は地下に浸透することがないように必要な措置を講じて安全かつ確実に埋設することにより、特定放射性

廃棄物を最終的に処分すること」(「特定放射性廃棄物の最終処分に関する法律」第2条第2項) をいい，原子力発電環境整備機構が経済産業省令の最終処分計画に従い，処理地の選定等を実施している。[1]

したがって，最終処分の前提として再処理が定められており，再処理で「原子炉に燃料として使用した核燃料物質その他原子核分裂をさせた核燃料物質 (使用済燃料) から核燃料物質その他の有用物質を分離するために，使用済燃料を化学的方法により処理」(核燃料等規制法 第2条第8項) を行い，プルサーマル用MOX燃料，または高速増殖炉燃料として燃料利用することが計画されている。

原子力発電所では，発電関連作業で発生した手袋や衣服など被曝した (励起した) 低レベル放射性廃棄物も大量に発生し，その多くは原子力発電所内に通常の鉄製のドラム缶で貯蔵されている。貯蔵量を超えたものについては，青森県六ヶ所村にある日本原燃株式会社核廃棄物リサイクル施設低レベル放射性廃棄物埋設センターに貯蔵されている。1992年より貯蔵が始まり，2007年現在で60万本のドラム缶が貯蔵されており，今後約300年相当の貯蔵処分が可能である (最終的には60万m^3の貯蔵規模となる予定)。これらは，放射線によるリスクは小さいが，サーマルリサイクル等はほとんど不可能である。

わが国の原子燃料サイクル (核燃料サイクル) の計画に関しては，内閣府内にある原子力委員会が策定する「原子力政策大綱」で示されている。[2]

2・3・4　MOX燃料

通常の原子力発電で使用できるウランは，前述の通り，ウラン235 (^{235}U) で，天然ウランに約0.720%しか含まれていない。わが国で行われている軽水炉(水)式発電では，このウラン235を約3～5程度まで濃縮 (一般的にウラン濃縮といわれている) させている。しかし，ウラン鉱も原油と同様に輸入に頼っているため，使用済燃料を再処理し，プルサーマルを行うことによって，いわゆるサーマルリサイクル (燃料として使用されるものを，新たな技術で効率的に使用しているので，廃掃法に基づく廃棄物の熱回収とは異なる) が可能となり，わが国のエネルギーの安定供給を図ることが期待できる。しかし，プルサーマルは，核燃料の消費効率を向上させるが，使用済み燃料の再処理には安全性等高度な技術が必

要となる。現状では処理コストが高額であるため，発電コストは通常のウランの消費より高くなる。このようなデメリットがあることが自明であっても，わが国の経済成長や安全保障等を考慮して，プルサーマル推進を政府のエネルギー政策上の重要な目標としている。この政府の強い方針に従って，福島第一原子力発電所事故が発生する直前の2011年3月現在で，北陸電力を除くすべての電力会社（原子力発電所を所有するところ）で，プルサーマル発電を実施または計画をしていた[3]。

　他方，エネルギー効率を高めることができる高速増殖炉に関しては，ウラン消費効率が理論的には60％に達することが可能であり，核燃料の供給は7000年が可能となる。ただし，実際にはさまざまなロスを考慮すると，2000年程度と見られている。使用済燃料の再処理で作られるMOX燃料も，プルトニウム（^{239}Pu）の含有量が16～21％と多い（軽水炉で使用されるプルトニウムは4～9％である）。高速増殖炉では，加速した中性子をプルトニウムに衝突させ核分裂を起こさせ，熱エネルギーを発生させる。核分裂時に飛び出した中性子が，通常の原子炉では，反応しないウラン238（^{238}U）に衝突し，質量数239になりプルトニウムを生成させ，さらに中性子が衝突し連鎖反応で核反応が進む。これにより，莫大な熱エネルギーを得ることが可能となり，効率的な核反応が可能となる。わが国の高速増殖炉「もんじゅ」では，国際的に最も普及しているPWR（Pressurized Water Reactor：加圧水型軽水炉）方式の発電を行っており，冷却材（熱媒体）は中性子の吸収が少なく励起しにくいナトリウムを使用している（ナトリウムは，融点97.8℃，沸点881.4℃，密度0.968g/cm^3（20℃）と冷却材としては液体で使用可能であるが，水分と激しく反応するため取り扱いに注意を要する）。ただし，開発コストが莫大なことと，MOX燃料が高価であることなどから，商業化に関して民間企業（電力会社）はあまり積極的ではない。以前は，世界の複数の国でも高速増殖炉が研究開発されていたが，事故等が多発したため中止されている。なお，わが国では，MOX燃料および濃縮ウランを燃料（プルトニウムを本格的に利用する世界初の原子炉）とする重水減速沸騰軽水冷却型原子炉「ふげん」も福井県敦賀市で研究開発され，1978年に臨界状態に達し電気出力16.5万kWでの運転に成功していた。しかし，冷却材の製造費用が高額なことと，重水素のコントロールが困難（トリチウム〔三重水素〕生

P&T2-7　高速増殖炉「もんじゅ」（福井県敦賀市）

成が障害となる）なことから2003年に運転を中止し，廃炉措置が進められている。

　しかし，現在の原子力発電は，ウランが現状でも約60年で枯渇することから考えて，次世代の原子力発電の研究開発は不可欠である。中国，インド，韓国，米国などが原子力発電の開発，普及に熱心なことから，ウランの争奪が激しくなり，今後高騰も予想され，枯渇も早い時期になると考えられる。大量のウランの使用済燃料（廃棄物）から新たなエネルギーを生み出す技術開発は，極めて重要といえよう。六ヶ所村で行われている再生処理技術が実現しMOX燃料の供給が可能となり，プルサーマル，高速増殖炉の技術が確立すれば，全くの不要物とされた放射性廃棄物が莫大なエネルギー資源に生まれ変わることとなる。

　また，放射性廃棄物のサーマルリサイクルでは，廃掃法に基づく有機性廃棄物のサーマルリサイクルのように有害物質や地球温暖化原因物質である二酸化炭素は排出しないが，最終的な使用済燃料（残渣）や事故による放射性物質汚染は生体にとって極めて高いハザードを持つことから，これらの対処が十分に備わらない限り，期待できるエネルギーの位置づけはできない。

> **トピック2-2　高速増殖炉**
> 　増殖炉は，原子炉の運転中にプルトニウムを新たに生成し核燃料とするもので，軽水炉と比較してウランを数十倍またはそれ以上有効に利用できるとされる。高速増殖炉では炉内で高速の中性子を用いた核分裂で連鎖反応を起こし，これが持続されるようにコントロールしている。わが国では，1977年茨城県大洗町に建設された実験炉「常陽」が1977年に臨界状態（当初出力5万kW）に達したが現在は休止中である。1985年に新たに福井県敦賀市（敦賀半島）に「もんじゅ」が着工され，1994年に臨界状態（電気出力28万kW）に達し，翌1985年から発電を行っている。冷却材としてナトリウム（水と激しく反応する）を使用しているため，1995年12月にナトリウム漏れで火災が発生している（放射性物質の漏洩はなかった）。

2・4　生物機能の利用

2・4・1　バイオテクノロジーの特徴

　人が環境としているのは，ここ数億年で作られた生態系を示しており，生物多様性によって維持されている。この生態系に生息している生物が死滅してしまうと，人類は一瞬にして死滅してしまうだろう。人類は，生物の機能を解析し，研究の結果，工業生産に利用された技術も数多く応用されており，生態系に影響を与えるようなバイオテクノロジーも開発されている。

　環境保全の対象となるものは，化学物質の放出による一般環境の汚染（公害など）および作業環境（または室内）汚染，環境中物質のバランスの変化（地球温暖化やオゾン層の破壊など）による環境破壊，土地開発などによる物理的環境破壊，紫外線や放射線など光による生物の遺伝子への影響，事故による汚染，製品等から受ける事故，および慢性的（アスベスト，たばこなど）汚染など非常に複雑に，多様に存在する。しかし，生物による環境汚染は，汚染後非意図的に増殖していくことが他の汚染と大きく異なる。この生物の性質を決める要因は，生物を構成するタンパク合成および複製を行う際に必要な情報を伝達するDNAである。

　遺伝子組換え技術では，宿主細胞（しゅくしゅさいぼう）に，有用な遺伝子をもつ細胞のDNAをベクターによって導入するため，自然界に存在しない生物

を短時間で作り出すことができる。

　なお，宿主とは，遺伝子組換えで遺伝子が導入される生物（細胞）をいい，目的の遺伝子を含むDNA断片を細胞内で自己増殖する核外DNA（プラスミド）などにつなげて宿主に導入し，宿主細胞内で目的の外来遺伝子の産物を生産する。ベクターとは，目的とする遺伝子を導入し，増殖，発現させるための運搬体DNAのことで，増殖可能なプラスミドなどDNAを移動させる機能をもつ環状核外のDNAを示す。

　遺伝子を切り取るには制限酵素や連結酵素が用いられる。また，クローニング技術（Cloning Technology）では，単一の遺伝子を分離し増殖等を可能にすることができる。したがって，目的の性質をもつ生物の受精卵からとりだした細胞を培養・増殖し，同じ遺伝子をもつ生物を生産することができる。理論的には一卵性多数生物の生産（クローン化）が可能である。何らかの生物の大量生産を目的とする場合は，活発に自己増殖する性質をもつDNAを移入している。もっとも，従来より農作物や家畜の品種改良によって，時間をかけて生物の機能の変化は行ってきたものであるが，短時間に目的とする性質（DNAを移入）を生み出せることが特徴である。すなわち，これまでにない機能をもつ生物を自然環境へ大量に放出することとなり，従来の環境問題と同様に自然循環を壊し，物質バランス（または生物種のバランス）を変えてしまう可能性がある。

　なお，本節では，「遺伝子組換え体を使用した微生物等農薬などが環境放出されることによって，自然界に新たな機能（遺伝子）をもった生物が引き起こす環境破壊」および「医薬品製造など感染性病原体を用いることによって生じる環境汚染」の環境リスクを中心に議論する。

　なお，遺伝子組換え技術とは，生物の細胞の中で増殖できるDNAと，目的とする有用物質の遺伝子DNAとの組換えDNA分子を酵素などで生体の外で作成し，それを生物の細胞に移入して増殖させる技術とする。また，遺伝子組換え体（以下，組換え体とする）とは，組換えDNAを保有する生物（または細胞）とする。

2・4・2　遺伝子操作技術の発展

　DNAの解析に関しては，1953年に，ワトソン（James Dewey Watson）とクリッ

ク (Francis Harry Compton Crick) によって，DNAが二重らせん構造であることが解明されて以来，分子生物学の急速な発展により遺伝子のナノテクノロジーレベルでの解析が進められている（遺伝子はほぼ10nm程度である）。DNAの鎖は，ヌクレオチドが多数結合していることが確認され，近年では人間のDNAには，約31億6,000万個連なっていることが解明されている。ヌクレオチドとは，塩基，リン酸，糖が結合したもので，DNAには，遺伝情報がすべて含まれている。

　この「人」の遺伝情報（この1組をヒトゲノム［Human Genome］という）を解析し，医学・薬学・農学などの応用研究が進められている。このゲノム情報解析をバイオインフォマティクス（Bioinformatics：生物情報科学）といい，多くのデータベースを駆使して生命研究が行われるようになっている。遺伝子組換え技術は，1972年に米国のバーグ（Paul Berg）が2つの生物から取り出したDNAを結合しDNA分子を生成したことから始まっている。その後1973年に，同じ米国のコーエン（Stanley Cohen），ボイヤー（Herbert W. Boyer）によって大腸菌を用いた遺伝子組換え技術の実用化がなされ，バイオインフォマティクス情報が整備されたことにより，遺伝子操作がさまざまな産業に応用される可能性を広げた。

　新しい機能をもった微生物や細胞またはDNA（タンパク質やウィルス，リケッチアなど）自体は工業的には技術的に新規性が存在するため，特許庁審査基準第Ⅱ部では，「天然物から人為的に単離した化学物質，微生物などは創作したものであり発明に該当する（特許分類435,935：微生物／細菌，放射線菌，シアン化細菌，真菌，原生動物，動物細胞，植物細胞，ウィルス）」としている。一方，米国では1980年の段階で，最高裁が有機物を生産する組換え体（細菌）を特許の対象としており（Diamond v.Chakrabarty），1988年には，遺伝子組換え操作により作られた動物にも特許が認められている。

　したがって，人間を含めて生物の遺伝子の解析は急激に進んでおり，遺伝子と生物の特徴との関係も次第に解明されてきている。さまざまな機能をもつ遺伝子は，生物を形成するに当たって最も重要な基礎情報であるため，遺伝子そのものを保存する活動も行われている。この取組みは，一般的に遺伝子バンクといわれ，わが国では1984年から政府によって具体的な対処が始まっている。

既存の遺伝子バンクには，国立予防衛生研究所（現国立感染症研究所）の「JCRB（Japanese Cancer Research Resources Bank）遺伝子バンク」や農林水産省の「農林水産ジーンバンク」などがある。遺伝子を保護することによって，特質をもった遺伝子の有効利用が可能になっている。例えば，農業分野では，気候変動や病気に強い性質をもつ種子の遺伝子の提供，収穫率の高い（高生産性）種子の提供などが行われている。生物多様性の保護の面からは，世界で毎年約4,000万種減少しているとされている生物の遺伝子を貯蔵しておくといったことも可能となっている。破壊された自然によって喪失した遺伝子は（現状では）二度と再生できないため，予防のために遺伝子を貯蔵する必要性も高まっている。動物のクローニングについては複数の国で実験に成功しており，近い将来均一のよい特徴をもつ工業的な動物の生産が始められることが予想される。なお，作物に関しては，多くの国ですでに野外生産を行っている。人のクローニングに関しては，倫理的な非難が強く国際的に禁止する傾向で，わが国では2001年6月に「ヒトに関するクローン技術等の規制に関する法律：通称，クローン規制法」が施行されている。

2・4・3　バイオセーフティ規制の経緯

1　実験段階

　遺伝子を組み換えた生物が，人や生態系へ何らかの被害を発生させることが懸念され，1973年に「核酸に関するゴードン会議」が開催された（ゴードン会議［Gordon Research Conference］とは1931年から続いている最先端で働いている科学者の交流を目的とした会議）。その1年後の1974年には，米国科学アカデミーの中に遺伝子組換え技術に最初に着手した前述のポールバーグを委員長にした検討委員会が開催され，遺伝子組換え技術には潜在的なリスクがあることが確認された。このときの対象となったリスクは，遺伝子操作された組換え体（微生物およびウィルス，リケッチア）が，人や環境へ何らかの影響を与える可能性があるという考え方に基づいている。その対処として，遺伝子組換え実験の実施に慎重に取り組む必要があることに合意し，国際会議で安全性について議論すべきことが提唱された。これを受けて，米国カリフォルニアで1975年に科学者1,500名（米国，英国，日本など）により，遺伝子組換えに関する安全性につ

いて会議が行われている（アシロマ会議）。その後，米国のNIH（National Institute of Health：国立保健研究所）において，1976年に政府による世界初の「組換えDNA関連の実験ガイドライン」が公表された。このガイドラインの考え方に基づき各国で組換え実験指針の検討が行われた。

このNIHガイドラインでは，実験に使用する生物（または細胞）およびベクターの組み合わせによって「ハザードレベル」が規定されている。このハザードを少なくするために「生物学的封じ込め」が定められており，「実験室の外での生存率と実験室に存在している宿主へのベクターの伝播を最小にするような宿主とベクターの組み合わせ」としている。その封じ込めの程度に応じて，HV1，HV2，HV3の3種類のレベルが区分されている。また，「曝露」を減少させるために，「物理的封じ込め」が定められており，「組換え体を実験室内に封じ込めるための，実験での操作，実験器具，実験設備，建屋の空調・気圧調整等」について規定され，その封じ込めのレベルに応じて，BL-1，BL-2，BL-3，BL-4の4種類のレベルに区分されている。この実験は，専門機関による承認等が要求されており，実験のレベルに応じて，Ⅲ-A（NIHに設置された組換えDNA諮問委員会「RAC」の評価とNIHおよび各機関に設置される安全委員会「IBC」の承認），Ⅲ-B（IBCの承認），Ⅲ-C（IBCへの通知），Ⅲ-D（ガイドラインの対象外）の4段階に分けられている。この中で最も厳しい評価がなされるⅢ-Aでは，さらに次に示すような4つのタイプに分類されているが，非意図的な放出については，特にふれられておらず，緊急時（事故時等）の対処が不十分であると考えられる。また，Ⅲ-A-1に相当する実験未満の毒性分子の情報を含むものを排除することで問題が生じないとする理由が不明である。さらに致死量に関しては，化学物質においても構造解析等からの推定で行われており，そのデータの誤差（または不確かさ）の度合いも不明であることから明確な数字が示されているこの規定の合理性は疑問である。

Ⅲ-A-1　脊椎動物体重1kgにつき100ng以下で50％の致死量になる有毒分子の情報を含む遺伝子の組換えDNA実験

Ⅲ-A-2　組換え体の意図的に放出（特定の組換え体植物を除く）する実験

Ⅲ-A-3　自然界では薬物耐性が知られていない微生物に意図的にベクターを賦与する組換えDNA実験

Ⅲ-A-4　　組換えDNA，組換えDNAに由来するDNA，RNA（ribonucleic acid：リボ核酸/遺伝物質であり，細胞性生物ではタンパク質をつくる中間段階を指令する分子）を人へ意図的に移入する実験

　わが国では，文部省が，大学等の研究機関および科学技術研究補助金の交付を受けて行われている実験を対象に，「大学等の研究機関における組換えDNA実験指針」（文部省告示）を1979年3月に公表している。そして，文部省が対象としている機関の実験以外に対して科学技術庁が1979年8月に「組換えDNA実験指針」（内閣総理大臣決定）を公表している。この実験指針は，後述のカルタヘナ法の施行まで，当該技術の安全性に関する知見の蓄積に従って数回改定されている。これら実験指針でもNIHと同様に，生物学的封じ込め（B1とB2の2つに区分）と物理的封じ込め（P1からP4の4段階に区分）の2つの面の組み合わせによって安全の確保が定められている。なお，科学技術庁の実験指針においては1986年8月の改訂より20ℓを超える大量培養実験に関しては，LS-C，LS-1，LS-2の3段階の物理的封じ込めの規定が追加された。ただし，どちらの指針においても緊急時の対処の記載はない。

　一方，実験室内で働く労働者については，健康管理，および教育訓練についての規定が定められており，汚染のモニタリング，予防対策がとられている。実験開始前，および開始後1年を超えないごとに健康診断を実施し，その結果の保存が義務づけられている。病原性生物を取り扱うP3, P4施設においては，実験開始前に予防治療の方策について検討し，必要に応じて抗生物質，ワクチン等の準備をしなければならない規定が定められている。また，健康診断は，実験開始後6ヶ月を超えない期間ごとに1回特別定期健康診断が義務づけられており，感染の恐れがあった場合は直ちに健康診断を行い，適切な措置をとらなければならないことが定められている。さらに実験計画の適合性，教育訓練，健康診断等に関しては安全委員会を設けることとなっている。病原体を取り扱う際にこのような法令はなく，遺伝子組換え実験のみに定められたものである。しかし，実験指針の作成やその後のリスクの検討では，遺伝子組換えにおいて，宿主，およびベクターの個々個々の危険性を超えることはないとのコンセンサスがほぼ得られており，見方を変えればP3レベルの封じ込めが必要な病原体を取り扱う場合，遺伝子組換え実験でなくともガイドラインが必要であると考

> **トピック 2-3　日和見感染**
> 　健康な状態では一般的に発症しない弱い病原体や無害に近い菌によって感染の症状が引き起こされてしまう日常に潜む健康リスクである。一般的に免疫能力が低下した者に発生しやすく，悪性腫瘍，抗癌剤・ステロイド剤投与，糖尿病などにより感染防御機能が低下したり，免疫抑制薬の投与などを行っている者は注意が必要である。また，抗生物質が効かない薬剤耐性菌の出現でもリスクが生じる。
> 　例えば，身近な注意として，クリプトコッカス症（cryptococcosis）があげられる。一般の土壌や植物などに広く生息しているクリプトコッカス属（*Cryptococcus neoformans*）は，人や犬，猫などに感染するとされており，呼吸の際に吸い込み肺から体内に移動し，頭痛，発熱，無気力，記憶障害などが発症する。妊婦など免疫が低下した者は流産の恐れがあるとされる。鳥類には感染しないが，ハトの糞が媒体として感染源となってしまうため注意する必要がある。

えられる。

　病原性微生物による実験室で発生した感染事故は，パイク（Pike. R.M）による分析（19世紀以降の実験室で発生した3,921件の事故分析）では，労働者の操作ミスや不注意が原因とはいえないものがあることを明確にしている。その多くは，労働者が気づかずに発生するエアロゾルによるもので，これら事故を防ぐには，安全キャビネット等の適切な防御装置とエアロゾルの発生を最小限にする操作法を組み合わせることが提案されている。したがって，遺伝子組換え実験だけではなく，病原体を使用しているすべての施設に対する政府による安全規制制定が望まれる。

　組換え体そのもののリスクを配慮した注目すべき検討結果が英国のACGM（Advisory Committee on Genetic Manipulation）から1985年に公表された「組換え体取扱い業務にかかる作業者の健康ガイドライン」で示されている。組換え体特有の潜在的なハザードとして，アレルギー，中毒，従来の発効生産でも部分的に生じていた感染があげられている。そして組換え体を取り扱っている労働者への考慮として，①病歴（ぜんそく歴，再発生感染），②感染による抵抗力の低下（皮膚病，呼吸器系・消化器系疾患），③免疫能力，④抗生物質による治療の有無（特に実験計画の中で使用される微生物の抗生物質，またはステロイド治療），⑤自己投薬，自己治療の有無，⑥妊娠の予定があるか，すでに妊娠しているか，が記されている。特に④，⑤，⑥の場合は，医学監督官（日本の産業医に類似）

と相談するように求めている。これら考慮事項は，免疫能力が低下し，日和見感染のリスク増加を抑制するためのものと考えられる。したがって，これらも考慮事項は，遺伝子組換えの場合のみではなく，今後の国際的な遺伝子資源の多用によって，生物の取扱いが拡大することによるリスク対処にも役立つと考えられる。

2　工業化段階

遺伝子操作技術が実験レベルから実用化へと発展し，野外での利用や工業的な生産に利用される段階へとなり，1980年代に国際機関による安全性に関する議論が始まっている。OECD（経済協力開発機構）の科学技術政策委員会（Committee for Scientific and Technology Policy）では，1983年に遺伝子組換え技術によって作られた微生物の工業，農業，環境への応用に関する安全性評価の検討実施について加盟各国に要請し，21ヵ国が参加しての「バイオテクノロジーの安全性と規制に関する委員会（Adhoc Group Safety and Regulation in Biotechnology）」（日本からは通産省，科学技術庁，農林水産省，厚生省，学界から13名が参加）が設置された。当該臨時委員会では1986年に報告がまとめられ，その後，科学技術政策委員会から「組換えDNA安全の考慮（Recombinant DNA Safety Consideration）」が勧告された。この勧告骨子は，次の内容となっている。

① 各国で実施されている規制，安全性解析の進展，安全確保の経験等の情報交換を促進すること。
② 安全性評価に関する試験法，器具の設計，微生物の分類等，国家間の情報交換を助けるための方法の開発を推進すること。
③ 組換えDNA技術をさまざまな視点からとらえることができることを，社会によく理解してもらうように努力すること。
④ 組換えDNA技術の工業，農業，環境への応用に向けて開発状況に関心を払うこと。
⑤ 権益保護のための機密保持に配慮しながら，安全性評価の情報の入手に努力すること，特に工業応用に関して。
⑥ 本来危険性が低い微生物に関しては，GILSP（Good Industrial Large Scale Practice）の条件で実施できるように配慮すること。
⑦ GILSPが不適当なものに関しても，適当な封じ込めのもとに実施できる

ように配慮すること。
⑧　封じ込めが必要な大量培養については，不測の漏洩モニター法を工夫すること，特に農業，環境応用に関して。
⑨　安全性評価に関する既存の知識を最大限に利用し，評価は個々別々に行うこと。
⑩　応用に向けての開発は，徐々に段階的に行うこと。

　この勧告では，リスクが低い生産を行う大量培養や農業，環境応用を実施していく場合でも慎重に開発を進めていくことを推奨している。リスクそのものを問題にしている面より，リスク対策によって確保した安全性について一般公衆等へ理解を得ることを定めている傾向が強いように思われる。1980年代後半から，遺伝子資源を利用しての生産や農業利用が普及していくことを予測してのガイドラインといえる。この勧告により，安全性が懸念されていた遺伝子組換え技術が，社会的に受け入れられるための道筋が作られたともいえる。遺伝子資源（生物資源）は，その後知的財産としても世界各国で天然の生物の遺伝子が探索される。その遺伝子情報の解析により，現在では，化学合成によっても生物資源が培養できるようになっている。

　わが国では，このOECDの勧告を受けて，通商産業省（現経済産業省）では1986年6月「組換え技術工業化指針」（鉱工業等の生産活動の工業プロセスが対象），厚生省（現厚生労働省）では1986年12月「組換えDNA技術応用医薬品の製造のための指針」（医薬品の製造工程［治療薬の製造を含む］），農林水産省では1986年6月「農林水産分野における組換え体利用のための指針」（農林水産分野における組換え体の利用，植物・微生物を対象としており動物については準用）が公表された。

　各省庁の規制の範囲は僅かに異なっており，通商産業省の指針では，従来より醸造業の発酵過程で行われてきた微生物のセルフクローニング（self cloning）が含まれたことで，一時業界にとまどいがあった。1988年に通商産業省（現経済産業省）から公表された「組換えDNA技術工業化指針」（通商産業省生物化学産業課）では，「セルフクローニングの定義を『異種のDNA』に相当しないDNAを宿主に導入すること。」と明確に示された。また，OECD勧告でも示された危険性が低い微生物を使用したGILSPレベルの安全基準も，通産省，厚

生省の指針に定められた。両指針ともに閉鎖系区域における組換え体および封じ込めの要件に応じて，カテゴリー1～3およびGILSPに区分けされている（通産省は，カテゴリー3を超えるものは特別扱いと規定）。ただし，厚生省指針ではGILSPにおいても他のレベルの基準と同様に作業区域の指定を要求しているが，通産省指針ではこの規定は定められていない。一方，農林水産省指針でも，カテゴリー1～3に区分けし安全性を確保しているが，「組換え体利用の野外実験の安全性確保も含む」との規定も付け加えられている。米国では，組換え体の開放形利用について環境保護庁（Environmental Protection Agency：EPA）および農務省（United States Department of Agriculture：USDA）・NIHが基準を制定し審査を行っているが，基本的には，「連邦殺虫剤，殺菌剤，及び殺鼠剤法（Federal Insecticide, Fungicide and Rodenticide Act：FIFRA）」等の既存の法規制で対応している。ただし，米国内での組換え体利用の生産等の規制が厳しくなったことで，当該規制がない途上国へ生産工場を移す企業が発生し，国際的に非難された。この傾向は，欧州でも起きている。

その他，1986年に環境庁（現環境省）では先端技術の環境への影響として，半導体産業，ファインセラミックスと並行してバイオテクノロジーによる環境影響の調査研究を実施している。また，労働省（現厚生労働省）でも1986年からバイオテクノロジーに携わる労働者への影響を検討している。

一方，一種の遺伝子操作と考えられる「細胞融合[★8]」が，規制の対象になっていないことが1つの疑問である。また，「染色体[★9]」を操作したニジマスやアスパラガスなどもすでに市販されている。

★8　細胞融合とは，細胞と細胞が接触し，隔壁がなくなり，単一の細胞になることで，2種の遺伝子をもつ細胞を融合することで，2種の生物の性質をもつ新たな生命を作り出すことが可能である。よく知られたものに，じゃがいもとトマトの種子を細胞融合させて，ポマトと名付けられた植物（地上の枝でトマトの赤い実をつけ，地中でじゃがいもの実をつける）などがある。
★9　染色体とは，遺伝子が集まってできているDNAのことで，遺伝情報を伝える。核酸とタンパク質で構成され，すべての動植物の細胞に存在する。

その後，遺伝子組換え技術が食品にも用いられ始めたことから，2001年4月から遺伝子組換え食品の安全性審査が「食品衛生法」で義務化され，「農林

物資の規格化及び品質表示の適正化に関する法律（以下，JAS法とする）」で食品への表示も定められた。一般に遺伝子組換え食品とされているものは，遺伝子操作を用い病害虫に強い，または除草剤耐性を持った遺伝子組換え農作物のことをいい，すでに市場化し世界的に普及している。遺伝子組換え食品は，自然に存在しなかった遺伝子配列の植物から収穫されるため，その安全性が問われている。特に人間が摂取した場合のアレルギーによる毒性が問題となっている。JAS法では，次のような分類で表示義務が示されている。

P&T2-8　遺伝子組換え不分別の表示

●同じ生産工程で「大豆」を含んだ食品を扱っています。

●なたね油（なたね）：遺伝子組換え不分別（遺伝子組換えなたねが含まれる可能性があります。）

① 分別された遺伝子組換え食品…表示例：原材料名　大豆（遺伝子組換え）
② 遺伝子組換え食品および非遺伝子組換え食品が分別されていない食品…表示例：原材料名　大豆（遺伝子組換え不分別）
③ 分別された非遺伝子組換え食品は表示義務はない…［任意表示］　原材料名　大豆（遺伝子組換えでない）

また，遺伝子組換え食品の表示義務がないものとして，次のような規定がある。

① 加工食品など組換え遺伝子やその産物が検出できないもの…菜種油，醬油，大豆油，コーン油，コーンフレーク
② 原材料の5％以下で，構成成分として上位3位以内に入らないもの

アレルギーの有無は個人差があり，遺伝子組換え食品に対しても同様な傾向がある可能性がある。遺伝子組換え食品は，米国，アルゼンチン，カナダ，中国，オーストラリア，ドイツ，スペイン，メキシコなどではすでに販売されており，人への明確な被害は発生していない。他の食品のアレルギーとの区別も困難であり，そもそも自分に遺伝子組換え食品によるアレルギーがあることを確認している者はいないと考えられる。したがって，遺伝子組換え食品であることが表示されても，その選択を消費者に委ねたものにすぎない。もしも，アレルギーまたは他の健康障害が生じたとしても，個人の被害を避けることができたにもかかわらず自分で選択したということになる。故に，表示規制は，技

術的背景をもっての安全性の確保とはなっていない。★10

★10　P&T2-8の食品表示には遺伝子組換え技術を利用した農作物が配合していることが示されている。自分が遺伝子組換えにアレルギー等があるか不明であるので，発症の恐れがあると思う者が自分で判断して買わないといった選択ができる。遺伝子組換え技術を使わない食品は一般的に安価に生産することができるため販売価格も低く抑えることができる。また，食品に対するアレルギーはすでにあわび，イカ，いくら，エビ，オレンジ，カニ，キウイフルーツ，牛肉，牛乳，くるみ，小麦，さば，そば，大豆，卵，チーズ，鶏肉，ピーナッツ，豚肉，松茸，リンゴなどがあり，区別するのは難しい。ハウスダスト，花粉症のように原因がある程度判断できるアレルギーとは違い，化学物質過敏症のように超微量の化学物質が関与し発症のメカニズムよくわからないものなどもあり，今後の検査方法およびその治療の研究開発が期待される。

2・4・4　カルタヘナ議定書とカルタヘナ法

　遺伝子操作が発展するに従い，遺伝子資源の重要性が高まり，世界各国に存在するまさざまな生物資源の価値が高まりつつある。対して，これまで自然界に存在しない組換え体が環境中に存在する機会が増加し，生物の多様性に対する影響が国際的に懸念され始めている。実際に，農作物などは国境を越えて種などが飛散し，繁殖するケースも発生し問題となっている。わが国にも自然界で強い生命力を持った菜種などがすでに全国各地で確認されている。この問題は，インドネシア・ジャカルタで1995年に開催された「生物の多様性に関する条約（Convention on Biological Diversity：CBD，以下，生物多様性条約とする）」第2回締約国会議で議論され，具体的な秩序形成について決議が採択されている。1999年には，コロンビア北部にある港湾都市カルタヘナで締約国会議が特別に開催され，組換え体の生物多様性への影響について詳細が検討された。

　その後，「生物多様性条約」第19条3の規定「締約国は，バイオテクノロジーにより改変された生物（Living Modified Organism：以下，LMOとする）であって，生物の多様性の保全及び持続可能な利用に悪影響を及ぼす可能性のあるものについて，その安全な移送，取扱い及び利用の分野における適当な手続（特に事前の情報に基づく合意についての規定を含むもの）を定める議定書の必要性及び態様について検討する。5)」に基づき，2003年9月に「バイオセーフティに関するカルタヘナ議定書（cartagena protocol on biosafety）」（以下，カルタヘナ議定書とす

る)」が発効されている(締約国が50ヵ国に達したため議定書第37条に基づく)。2009年2月末現在で153カ国と欧州共同体が加盟している。なお,上記のLMOとは,当該議定書第3条 (g) で「現代のバイオテクノロジーの利用によって得られる遺伝素材の新たな組合せを有する生物をいう。」と定められており,「現代のバイオテクノロジー」とは,第3条 (i) で「自然界における生理学上の生殖又は組換えの障壁を克服する技術であって伝統的な育種及び選抜において用いられないもの」と定められ,次のものに適用するとしている。

① 生体外における核酸加工の技術(組換えデオキシリボ核酸〔組換えDNA〕の技術及び細胞又は細胞小器官に核酸を直接注入することを含む。)

② 異なる分類学上の科に属する生物の細胞の融合とされている。したがって,実験指針や工業化指針等で取り扱っていなかった「細胞融合」が本規定では対象になっている。

また,カルタヘナ議定書第4条では「この議定書は,生物の多様性の保全及び持続可能な利用に悪影響を及ぼす可能性のあるすべてのLMOの国境を越える移動,通過,取扱い及び利用について適用する。」となっており,環境保全のための厳しい規制となっている。なお,第5条において,「この議定書は,人のための医薬品であるLMOの国境を越える移動については,適用しない。」となっているが,世界保健機構(WHO)で定めた「国際間で流通する医薬品の品質に関する証明制度(Certification Scheme on the Quality of Pharmaceutical Products Moving in International Commerce)」に従うことが前提となっている。この制度は,世界保健機構参加国において医薬品の認可プロセスの円滑な実施を図ることを目的としているため,カルタヘナ議定書の目的である「この議定書は,環境及び開発に関するリオ宣言の第15原則に規定する予防的な取組方法に従い,特に国境を越える移動に焦点を合わせて,現代のバイオテクノロジーにより改変された生物であって生物の多様性の保全及び持続可能な利用に悪影響(人の健康に対する危険も考慮したもの)を及ぼす可能性のあるものの安全な移送,取扱い及び利用の分野において十分な水準の保護を確保することに寄与することを目的とする。」とは異なっている。

★11　環境及び開発に関するリオ宣言の第15原則
　　環境に保護するため，予防的方策は，各国によりその能力に応じて広く適用されなければならない。深刻な，あるいは不可逆的な被害のおそれがある場合には，完全な確実性の欠如が，環境悪化の防止するための費用対効果の大きな対策を延期する理由として使われてはならない。

　しかし，第17条では情報の交換について「1　締約国は，開発途上国の特別のニーズを考慮して，生物の多様性の保全及び持続可能な利用に関連する公に入手可能なすべての情報源からの情報の交換を円滑にする。2　1に規定する情報の交換には，技術的，科学的及び社会経済的な研究の成果の交換を含むものとし，また，訓練計画，調査計画，専門知識，原住民が有する知識及び伝統的な知識に関する情報並びに前条1の技術と結び付いたこれらの情報の交換を含む。また，実行可能な場合には，情報の還元も含む。」とも定めており，世界保健機構の証明制度の目的と類似するとも考えられ，この曖昧な規定が国際間（特に途上国と先進国）での利益に関するコンセンサスに障害になると考えられる。

　当該議定書の国内法となる「遺伝子組換え生物等の使用等の規制による生物の多様性の確保に関する法律」（以下，カルタヘナ法とする）が，遺伝子組換え生物等による生物多様性への影響を防止するといった観点から2003年に制定された[6]。これにより，カルタヘナ議定書を締結し，2004年2月にわが国について発効した。当該法第2条第2項に示される「遺伝子組換え生物等」とは，①細胞外において核酸を加工する技術であって主務省令で定めるもの，および②異なる分類学上の科に属する生物の細胞を融合する技術であって主務省令で定めるものとなっており，カルタヘナ議定書と同様にこれまでの実験指針や工業化指針等で規制対象に含まれなかった細胞融合が含まれている。しかし，当該法律が制定，施行されたため，これまでの遺伝子操作に関して各省庁で定められていた実験指針が廃止された。これにより，規制の目的が人等に対する安全確保から，生物の多様性の確保を図ることに変わっている。

2・4・5 生物資源の保全と利用

1 生物資源

1970年代から1980年代にかけて遺伝子組換え実験が盛んとなり，1980年代終わりには有用な遺伝子のほとんどを取り出すことが可能となった。その後，ヒトゲノムの情報をすべて解読しようという研究が始まり，2001年2月に国際研究グループ（日，米，英，独，仏，中）とセレラ・ジェノミクス社が研究成果を発表している。それによると，国際研究グループが91％解読した結果では，遺伝子の数が3～4万個，セレラ・ジェノミクス社が約95％解読した結果では，2万6,000～3万9,000個となっており，ヒトの遺伝子は，ショウジョウバエの遺伝子の数である1万3,338個（ヌクレオチドの数：約1億8,000万個）の約2倍程度にすぎないことがわかった。このヒトゲノムを解析することにより，医学・薬学・農学などの応用研究に極めて有用な情報を与えることができるようになり，多くのデータベースを駆使して生命研究が行われるようになった。

この他，さまざまな生物の機能と遺伝子の関係を解析することによって，前述のように化学合成によっても生物資源の機能が発揮できるようになっている。したがって，生物資源は，細胞培養やクローニングによって均一した医薬品，農作物等工業化した大量生産が可能になってきており，すでに経済的価値が大きくなっている。国際的な議論はバイオセーフティより，遺伝子の経済的な価値へ移りつつある。これには，遺伝子資源が途上国に数多く存在していたため，そもそも経済格差による対立が表面化してきたためである。「気候変動に関する国際連合枠組み条約」における議論と同様に経済的な視点が強くなりつつある。

この背景には，環境保全のために先進国と途上国の経済格差が障害となっていることから1972年にスウェーデン・ストックホルムで開催された「国連人間環境会議（United Nations Conference on the Human Environment）」で採択された「人間環境宣言」で「先進工業国は，自らと開発途上国との間の格差を縮めるよう務めなければならない」と定めたことと，1992年にブラジル・リオデジャネイロで開催された「国連環境と開発に関する会議（United Nations Conference on Environment and Development）」で採択された「環境と開発に関するリオ宣言」

第7原則で定められた「各国は共通だが差異ある責任を有する」との規定が，全く守られていないことが原因である。「気候変動に関する国際連合枠組み条約」でも途上国と先進国の差異ある責任を定め，京都メカニズムが作られたが，工業新興国のみに経済支援が集中しており，多くの途上国には経済的なメリットがないため，先進国との対立は深まるばかりである。生物資源に関しても途上国の経済的な価値に議論が集中する可能性がある。国際的なバイオセーフティに関する議論が十分に実施できなくなることが懸念される。

2　生物多様性保全

　地球上の生物種は，数千万の種類が存在すると考えられているが，人間活動による自然生態系の破壊によって，その多くが絶滅のおそれにさらされている。このような状況を調査した国際自然保護連合（International Union for the Conservation of Nature and natural resource：IUCN）では，絶滅の恐れがある野生生物をリスト化した「レッドデータブック（Red Data Book）」を発表している。その後，諸外国政府などが独自で調査を始めている。わが国では，環境省をはじめ複数の地方公共団体で，各地域の絶滅に瀕した生物種を調査し，各地域のレッドデータが発表されている。環境省では，1991年に脊椎動物編と無脊椎動物編，1998年には植物編の「レッドデータブック」を発表している。

　わが国の絶滅の恐れがある種には，次のものがある。
①哺乳類：ツシマヤマネコ，オガサワラオオコウモリなど47種
②鳥　類：シマフクロウ，ノグチゲラなど90種
③両生類：イシカワガエルなど14種
④爬虫類：ヒメヘビなど18種
⑤植　物：1,726種

　生物種が絶滅すると遺伝子資源いわゆる生物資源が消滅してしまうことにもつながる。生物多様性の保全が危うくなってくる可能性がある。これは環境保全におけるバイオセーフティが失われていくことである。[7]

　生物種の絶滅を防止する国際条約としては，1975年に発効している「特に水鳥の生息地として国際的に重要な湿地に関する条約：通称 ラムサール条約（Ramsar Convention）」（湿地の保全を規制）や「絶滅のおそれのある野生動植物の種の国際取引に関する条約：通称 ワシントン条約（Washington Convention），

略称 CITES（サイテス）」（野生動植物の国際的な取引を規制）がある。生物多様性の確保のためには，1993年に「生物多様性条約」が発効されている。この条約は，1992年5月に生物多様性の危機に国際的に対処するためにケニアのナイロビで採択され，同年6月に「国連環境と開発に関する会議」で，わが国を含む157カ国が署名している。わが国では，この条約に批准するために1992年に「絶滅のおそれのある野生動植物の種の保存に関する法律」が制定されている。

P&T2-9　ミシシッピーアカミミガメ
（みどりがめ）

　他方，外国から国内に持ち込まれたペットなどが国内の在来種を駆逐または生態系を破壊することを防止するために「特定外来生物による生態系等に係る被害の防止に関する法律」（通称：外来生物法）が2005年6月より施行されている。すでに，ミシシッピーアカミミガメ[★12]（一般にはミドリガメ），ホテイアオイ，アメリカザリガニなどは日本の環境の中に入り込んでいる種がいる。ミシシッピーアカミミガメに関しては，日本に従来より存在するカメよりも多くなってしまっているケースもある。新たな種が環境中に入り込むことは，新たな遺伝子をもつ生物が出現することであり，遺伝子組換え技術によって発生した組換え体が環境中に放出されることに類似している。すなわち，生物多様性の喪失にも繋がる可能性がある。

★12　ミシシッピーアカミミガメは，米国のミシシッピー川流域で日本への輸出を目的として大量に養殖されている。わが国ではお祭りの夜店やペットショップなどで一般的に販売されている。現在では，日本固有の亀より多くわが国に生息している。在来種と交雑した新たな種も確認されている。
　子どものうちは鮮やかな緑色をしているが，大人になると黒っぽい色になり，約30cm程度まで大きくなる。

3　遺伝資源へのアクセスと利益配分

「生物多様性条約」第1条で定められている目的には，「この条約は，生物の多様性の保全，その構成要素の持続可能な利用及び遺伝資源の利用から生ずる

利益の公正かつ衡平な配分をこの条約の関係規定に従って実現することを目的とする。この目的は，特に，遺伝資源の取得の適当な機会の提供及び関連のある技術の適当な移転（これらの提供及び移転は，当該遺伝資源及び当該関連のある技術についてのすべての権利を考慮して行う。）並びに適当な資金供与の方法により達成する。」とされており，遺伝資源について環境保全面と経済的な価値の両面から検討していることがわかる。前文においても最初に「生物の多様性が有する内在的な価値並びに生物の多様性及びその構成要素が有する生態学上，遺伝上，社会上，経済上，科学上，教育上，文化上，レクリエーション上及び芸術上の価値を意識し，生物の多様性が進化及び生物圏における生命保持の機構の維持のため重要であることを意識し，生物の多様性の保全が人類の共通の関心事であることを確認し，諸国が自国の生物資源について主権的権利を有することを再確認し，……」と示されており，バイオセーフティ面だけでなく，非常に多くの視点で生物多様性を考えていることがわかる。

また，「生物多様性条約」第15条第1項で，遺伝資源の取得の機会として，「各国は，自国の天然資源に対して主権的権利を有するものと認められ，遺伝資源の取得の機会につき定める権限は，当該遺伝資源が存する国の政府に属し，その国の国内法令に従う。」と定められている。これまで生物がもつ遺伝子の知的財産権が，生息する国の権利として明確に扱われてこなかったため，経済的な価値が高まってくると予想される。したがって，遺伝子操作に高い技術をもつ先進国と，遺伝子資源をもつ途上国の関係など，「遺伝資源へのアクセスと利益配分（Access and Benefit-Sharing：ABS）」が新たな問題として議論されることになる。しかし，「気候変動に関する国際連合枠組み条約」の具体的な対処となると，国家間の対立が発生することが懸念される。さまざまな科学技術に関係するバイオテクノロジーにとって極めて重要な情報である遺伝子情報が，今後「カルタヘナ議定書」の規制のもと各国で公平で合理的な検討が行われ，それに基づき，自然環境保護を十分配慮された利用が行われていくことが望まれる。

2・4・6　生物資源利用のリスク

人間も化学物質でできており，化学物質汚染によって体内に侵入し何らかの

問題を及ぼしてしまう。さらに自然環境を形作っている化学物質のバランスを崩し，物質循環を乱してしまう。生物による人体への汚染や環境破壊は，汚染源そのものが自己増殖など機能をもつことと，生命をもっていることである。後者は，人類のもつ生命倫理の問題に関わることが多く，遺伝子の利用，クローンの生成，発生に関わることなど科学技術によって操作されるようになると人間自体もほかの誰かにコントロールされるようになってしまう。マインドコントロールなど精神面での意図的な心の管理が社会問題化することもあるが，生物の機能自体をコントロールすることは自然のシステムから逸脱しているため，経済的利益に注目しすぎず，環境へのデメリットを慎重に正確にアセスメントし，議論していく必要があるだろう。

　原子力発電所の事故について安全神話が崩壊したとの報道等がよくあるが，そもそも安全神話など存在しておらず，何者かによって幻想的な世界が作られていたにすぎない。病原体による汚染は，放射性物質のハザートと同様に不明（未知）な部分が多い。メリットのみに注目するのではなくデメリット部分についてさらに注目すべきである。ほとんどの悲惨な事故において後で問題になることとして，緊急時における情報の不足がある。生物汚染に関しては，研究機関，病院，生産施設などでどのような病原体が存在しているのか，周辺住民には公開されていない。バイオテクノロジーは身近な科学技術となりつつあり，リスク分析を行う必要があるだろう。

　生物汚染等に対する包括的なリスク対策を行うことによって，遺伝子操作を行う技術の進展も可能になると考えられる。今後，遺伝子資源の価値が上昇し，医薬，農業等で極めて重要なものとなることが予想され，早急に環境保全に対するバイオセーフティを確立しておく必要があるだろう。

【注釈】

＊1）　**特定放射性廃棄物の最終処分**　　「特定放射性廃棄物の最終処分に関する法律」（2000年6月制定）では，経済産業大臣が，5年ごとに，10年を一期とする特定放射性廃棄物の最終処分に関する「最終処分計画」を定め，これを公表することとなっている。また，特定放射性廃棄物の最終処分地での経済産業大臣または経済産業局長の処分に不服がある者は，公害等調整委員会に裁定を申請することができることが，「特定放射性廃棄物の最終処分に関する法律」第26条第1項に定められている。しかし，行政不服審査法による不服

申立てをすることはできない旨も規定されている。
　＊2）　**原子力政策大綱**　2005年10月に閣議決定された「原子力政策大綱」（原子力委員会作成）では，その10年程度のわが国の原子力利用の基本方針が示されている。原子燃料サイクルについて次に示すように積極的な対応が述べられている。
　＜原子力発電，原子燃料サイクルに関する主な方針＞
・原子力発電は基幹電源　　原子力発電は，地球温暖化とエネルギー安定供給に貢献しており，基幹電源として位置づけて，着実に推進していく。
・原子燃料サイクルの確立　　使用済燃料を再処理し，回収されるプルトニウム，ウラン等を有効利用することを基本とする。
・プルサーマルの推進　　使用済燃料を再処理し，回収されるプルトニウム，ウラン等を有効利用するという基本方針を踏まえ，当面，プルサーマルを着実に推進する。
・高速増殖炉は2050年頃からの導入を目指す　　高速増殖炉は，ウラン需要の動向や経済性等の諸条件が整うことを前提に，2050年頃から商業ベースでの導入を目指す。
・使用済燃料の中間貯蔵　　使用済燃料のうち，再処理能力の範囲を超えて発生したものについては，中間貯蔵し，その処理の方策は2010年頃から検討を開始する。
・放射性廃棄物の処分　　放射性廃棄物は，適切に区分を行い，それぞれの区分ごとに安全に処理・処分することが重要である。
　なお，高速増殖炉の開発・普及に関して政府は，2025年に100万キロワットの実証炉，2050年には80万キロワットの商業炉を計画していた。
　＊3）　**新たな核反応の利用**　わが国で使用済燃料を再処理し，MOX燃料製造を計画している青森県六ヶ所村にある日本源燃株式会社核廃棄物リサイクル施設では，2015年6月から供給を予定している。
　なお，太陽で発生しているエネルギーである水素の核融合（熱が放射される）による炉も開発されており，1993年にニュージャージー州のプリンストン大学でトカマク型反応炉で実験に成功し，太陽の中心温度のおよそ3倍の熱を発生させている。現在，日本，ロシア，米国，EU，中国，韓国が協力してすすめている国際熱核融合実験炉も開発されている。しかし，未だ核反応の十分なコントロールができないため発電利用の実用化は実現していない。
　＊4）　**遺伝子組換え技術**　分子生物学上における組換えDNA技術は，DNAを特定の箇所で切断する制限酵素やDNAの断片をつなぐDNAリガーゼの発見，自己修復能を有するDNAの発見，生細胞へのDNA移入技術の開発によって発展していった。
　＊5）　**生物多様性条約**　このほか，生物多様性第19条に定める「バイオテクノロジーの取扱い及び利益の配分」の次に定める第3項および第4項にも想起されている。
　第3項　「締約国は，バイオテクノロジーにより改変された生物であって，生物の多様性の保全及び持続可能な利用に悪影響を及ぼす可能性のあるものについて，その安全な移送，取扱い及び利用の分野における適当な手続（特に事前の情報に基づく合意についての規定を含むもの）を定める議定書の必要性及び態様について検討する。」
　第4項　「締約国は，3に規定する生物の取扱いについての自国の規則（利用及び安全に係るもの）並びに当該生物が及ぼす可能性のある悪影響に関する入手可能な情報を当該生物が導入される締約国に提供する。その提供は，直接に又は自国の管轄の下にある自然人若しくは法人で当該生物を提供するものに要求することにより行う。」

＊6）**カルタヘナ法**　カルタヘナ法第1条に示された目的は「この法律は，国際的に協力して生物の多様性の確保を図るため，遺伝子組換え生物等の使用等の規制に関する措置を講ずることにより生物の多様性に関する条約のバイオセーフティに関するカルタヘナ議定書の的確かつ円滑な実施を確保し，もって人類の福祉に貢献するとともに現在及び将来の国民の健康で文化的な生活の確保に寄与することを目的とする。」と定められている。

＊7）**生物多様性の喪失**　1979年に科学者ジェームス・ラブロックの「ガイヤの概念」では，「生命とはそれ自体で保持する環境」と提唱している。また，1990年に発表した「人類とガイヤ説」では，「生きている生態系をこのように大規模に破壊することは，最新の航空機の制御システムを飛行中に分解するようなものである。」といっており，生態系の一部が欠落すると生態系全体が破壊されてしまう恐れが生じることを端的に述べている。

第3章
リスクと安全性

3・1 政策とリスク

3・1・1 リスクの存在

1 リスク対策

　リスクとハザードの定義は「はしがき」で述べたが、「リスクを低下させる」と「安全性を高める」という言葉は、全く異なっている。リスクは、複数ハザード（さまざまな人災、さまざまな自然災害）によってそれぞれ存在しており、1つのハザードの曝露を小さくしたからといって、安全な生活が確保できるものではない。特定のリスクに関して安全性が高まったとしても、他にハザードがあれば、別のリスクが存在しており、1つ1つのハザードすべてについて曝露（確率、頻度、濃度、総量）が少なくならなければ安全性が確保されたとはいえない。すなわち、「安全である」という表現を使う場合は、どのようなハザードについてであるのか示さなければ、根拠のない単なる抽象的な言葉にすぎないということになる。

　ただし、リスクが「ゼロ」という世界は存在しないため、どの程度まで許容できるのか十分検討しなければならない。例えば、環境対策で環境汚染の指標であるBOD（Biochemical Oxygen Demand：生物化学的酸素要求量）について、「汚染」という言葉から想像すると、ゼロにすると環境保全が図られると考えてしまう人がいる。ところが、BODとは水に含まれる栄養分含有量の指標（実際には微生物が栄養分を食べ酸素を消費する量〔溶存酸素の減少量〕を調べている）であるので、ゼロになると微生物は死に絶え、食物連鎖でその他の生物も死に絶えてしまう。透明できれいな水であっても、生態系は存在できない状態になってしまう。また青潮と呼ばれる公害も水質が汚染（栄養分が大量に排出）され赤潮（微

生物の大量発生）のあと，酸素不足になった水域で発生する。「ゼロ」は，必ずしも，安全な世界を生み出すとは限らず，自然には必ず思わぬリスクが存在していると考えて検討していく方が妥当である。[1]

したがって，「完全にリスクのない安全」は理想であって，現実には存在しない。ハザードがわかっているものに対しては誠実に対処すれば必ず曝露は減少しリスクも減少できる。最も注意すべきことは，ハザードがわからない場合である。いわゆる，初めて体験することにはどのようなリスクが潜んでいるかわからなくて当然である。失敗しないためには，事前に十分に調査，検討が必要である。しかしながら，環境リスクに関しては，この検討結果の信頼度は，自然科学および社会科学の知見レベルによって左右されてしまうのが現実である。これまで，リスクが不明なまま，さまざまな研究開発が進められてしまったため，今後あと追いの形で莫大な技術についてハザードの情報を整備していかなければならないだろう。

福島第一原子力発電所のように想定外（いろいろな議論があると思うが，ここでは想定外と仮定する）の自然災害（巨大な津波）は，自然科学，社会科学両面からハザードおよびその頻度を検討し，予防することは極めて困難である。この事故は，実際には国際原子力事象評価尺度で最も悪い評価7（深刻な事故）となっており，このリスクに対して「安全」を確保するのは非常に大きな負担を要する。実際には，このような深刻な環境被害は，放射性物質を貯蔵している原子力発電所および関連施設に限ったことではなく，有害，または危険な物質を貯蔵している施設，感染性が高い病原体を貯蔵している施設および軍事施設などさまざまなハザードが想定できる。

高度な科学から複雑多岐に分類されていった技術は，十分なリスク評価（ハザードやその発生確率または放出されている濃度・量）が行われていないものが多いため，一般公衆は自分でそのリスクを確認することはできず，専門家と言われる人のことばを信じるしかない。もっとも，リスク評価には莫大な知見の整備が必要となり，コストと時間が莫大に必要なため，評価が義務づけられることとなると，われわれの周りに存在する便利な多くの「もの」と「サービス」は現在のように供給できなくなる可能性が高い。これらの「もの」と「サービス」を提供している企業は，国際的に競争力を失い，経済的に大きなダメージ

を受けることになるだろう。地球温暖化防止対策や生物多様性保護が国際的に公平な状況のもとで進まないのは，このデメリットが存在するためで，フリーライダーとなり利益を上げている国が明確に存在している状況で国際的なコンセンサスを得ることは極めて難しい。したがって，原子力発電所の事故，地球温暖化（気候変動，熱波，伝染病の拡大，海面上昇），生物多様性喪失（生態系の破壊／農作物被害，伝染病の発生・拡大，自然災害），その他環境破壊は，リスク分析を明確にしないまま，被害を生じさせる恐れがある開発が進められた結果生じている。しかし，現状では，明確な被害が発生しない限り，直接利益を生まないコストを要するリスク分析は行われないだろう。

　50年に一度，または100年に一度発生する洪水のために数千億の国費を投じてダムや堤防などを作っても，無駄との判断をされたり，建築物による自然環境の喪失が議論されたりしているが，福島第一原子力発電所の事故が起こらなかった場合，複数の電力会社で計画している1,000億円以上の津波対策に国民の理解が得られたかどうかは疑問である。中部電力が実施しているように原子力発電所自体サブマリン構造にしてしまい，津波によるリスク回避のために電気代が使われることに消費者が納得しただろうか。ダムや堤防がなかったときに悲惨な事故にあった人々が沢山いるにもかかわらず，過去のことはあまり問題にされなく，無駄遣い，自然環境破壊の問題ばかりを注目し議論していても，単なる一過性の結論しか導き出せず，人類の「持続可能な発展」にはならない。場当たり的政策でリスク対処を行っても，根本的な解決にはならない。一般公衆のリスクに対する理解の向上（情報公開と妥当な説明），緊急時に対する行政機関の合理的なシステムの構築，リスク教育・人材育成など長時間を要したとしても基礎的な対処が必要である。

　また，地球上のどのような場所であっても宇宙から隕石が自分の頭の上から落ちてくるハザード（死亡または大けがするだろう）は存在しているが，その確率は非常に小さいため，ハザードと確率の積で表されるリスクは，極めて小さいものとなる。したがってほとんどの人々は，生活の中で隕石が落ちてくるリスクに怯えることはない。福島第一原子力発電所の事故では国際原子力事象評価尺度で最も悪い評価7（深刻な事故）となり，大きくなったハザードが存在していたことがわかったが，それ以前は，政府は曝露の低さを協調し，リスク

が小さいことに理解を求めていた．使用済燃料の最終処分地についての募集においても，テレビコマーシャルで，有名なタレントに「私は必要だと思う」といったようなイメージをよくするような宣伝を行っていた．エネルギーの安定供給のみを中心に考えた政策であり，全く無意味である．自然エネルギーが安価ならば，原子力エネルギーの代替として，安定供給を目的に利点のみを強調し急激に広める政策を行うだろう．まず，ハザードを明確に分析し，曝露をよく評価すべきであろう．急性的な環境破壊が回避できても慢性的な環境破壊を発生させては，これまでの短絡的なエネルギー政策と何ら変わることはない．ゆっくりした破壊（地球の歴史からすれば早いが，人間の寿命からみればゆっくりしている）は，生物多様性の喪失などむしろ致命的な被害が発生する恐れがある．

　対して，生活のあらゆるところにリスクが存在しており，「リスクがある」という言葉に関しても注意する必要がある．飛行機，自動車に乗っていても，外を歩いていても，何らかの事故にあう可能性があり，ハザードが存在している．人間が生きていくために不可欠な酸素であっても，一度に多量に摂取すると体内（気管支など）を酸化してしまい毒となることもある．病気の回復のために有効な薬であっても，健康な人には毒になることもある．ハザードは至る所にあり，したがってリスクも同時に至る所に存在している．われわれは，経験的に知っているハザード（いやなにおい，崖など危険な場所，交通量が多い道路など）に対しては，曝露を減らすため，そのような場所に近づかなかったり，離れたりする．インフルエンザが流行ったり，花粉症の人は，予防のためにマスクをかけ曝露（発症の確率）を低くすることを行う．しかし，ハザードがよくわからないものに関しては，対処がわからなかったり，対処を教えられてもその効果に信頼がもてずに不安をかき立ててしまう．何らかのリスクが存在する可能性があると思うものは，なるべく避けようとするのは生物として当然の行為である．リスク分析が十分でない汚染が発生すると，「わからない」という不安から風評被害も当然発生してしまう．これは，事前対処の不足が招いた，または，「安全性」という抽象的な言葉がもたらした幻想が現実と向き合ったため発生したものである．風評被害が発生しているときに政府が，根拠のない安全を公表すると却って問題が複雑になり，収拾がとれなくなる恐れがあるだろう．

また，どんなに小さい曝露（確率）であっても，ハザードがあれば必ずリスクが存在する。高いリスクであっても，曝露が小さければ，リスクは小さくなるが「リスクがある」ことは間違いない事実である。自分の安全をはかるには，まずリスクの高いものを回避するのが合理的な対処であるが，ハザードの高いものから回避しても安全性は高まらない。例えば，ダイオキシン類（210種類の異性体があり毒性も異なるが，一般的には2,3,7,8-TCDD（etrachlorodibenzo [1,4] dioxin）を1とするため，この場合2,3,7,8-TCDDとする）は，シアン化カリウム（生産カリと一般的に呼ばれる）の1万倍以上の毒性があるとされるが，ダイオキシン類10pg（ピコグラム）とシアン化カリウム1μg（マイクログラム）では，リスクはシアン化カリウムのほうが大きい。数字だけみるとダイオキシンの方が大きいが，10の倍数（ピコやマイクロなど）の慣用的な付け方で実際の大きさは指数関数的に変化する。したがって，シアン化カリウムの方がリスクが大きい理由は，1μgは，1,000,000pgであるので，シアン化カリウムは，ダイオキシン類の10万倍の量があることになる。ハザードは，ダイオキシン類がシアン化カリウムの10,000倍として計算（ハザード×1）すると，

$$\frac{シアン化カリウムのリスク}{ダイオキシン類のリスク} = \frac{1 \times 1,000,000}{10,000 \times 10} = 10$$

となり，ハザードが極端に高いダイオキシンよりシアン化カリウムの方が高い指標でリスクが示されることになる。

　リスクがあるという定性的な情報（存在の有無のみの情報）のみで情報を判断することはとても拙速な判断であり，定量的な情報（リスクの大きさ）を十分に知る必要がある。テレビの報道，人の噂などでは，大げさにしたいかのように，リスクがあるだけでとても危険な状態とも思われるように表現されることがあるが，冷静に判断する必要がある。無駄な行動は却って他のリスクを高くしてしまう可能性さえもある。

2　ハザード(Hazard)

　ハザードには，有害性，爆発火災，人災，自然災害などさまざまなものがある。これらによって発生する被害がハザードとなる。環境汚染では，汚染源は

汚染物質の環境中での挙動が関与しており，その反応・性質等でその被害の内容が定まる。人為的に排出された化学物質に関しては，環境中の物質バランスの変化が予測困難なため被害の発生も予見できない場合が多い。

化学物質は，環境条件が異なることにより，さまざまな性質が現れる。産業では，その一部の性質を活用しているのみで，その他の環境条件での性質については把握されていないことが多い。環境汚染問題は，ほとんどの場合，その把握されていない性質によって引き起こされている。現状では有害性の性状に関しては不十分なものが莫大にあり，汚染が発生しない限り積極的に調べられない化学物質が多々ある。本来ならば，性質の不明な部分には可能な限り厳しい安全対策が施されなければならない。しかし，産業で利用される化学物質は，被害を引き起こすことが技術的背景をもって明確に判明（定量評価：被害が発生する量）されなければ，安全対策を施すことはできない。法規制によって強制的な環境保全対策が図られない場合は，化学物質を取り扱う事業者等の自主的判断に頼るほかない。化学物質は，環境中で，空気酸化など他の物質と反応したり，紫外線による分解，気化，液化，固化または放射性崩壊を起こす。また，有害性は，急性的に発生するものから，発ガン性のように摂取から何十年もかかって発現するもの，または奇形など次の世代（子ども）へその被害が現れるものと極めて複雑である。性質が不明な化学物質の環境リスクは想定できないため，リスクをすべて回避するには，最も厳しい安全対策（例えば，完全シール：完全遮断）が望ましいが，経済的な負担が極めて大きく，産業界・一般公衆の同意を得ることは難しいだろう。

また，技術の環境リスクに対する事前評価には，新技術の動向や経済的効果など不確定要因が多い。事業所等からの化学物質の排出や移動，および貯蔵の定性的，定量的データをまず整備することが現時点において最も重要である。ただし，化学物質の存在確認ができてもハザードの部分がわからなければ環境リスクの大きさは不明なままである。この対処として，化学物質の性質を一覧にまとめ，環境安全や労働安全のための基礎情報として利用することを目的としたMSDS（Material Safety Data Sheet）の普及が国際的に図られている。[★1]

わが国では，1999年に制定された「特定化学物質の環境への排出量の把握等及び管理の改善の促進に関する法律」（以下，化学物質管理法とする）の第14

条においても「指定化学物質」の取扱い事業者に，提供，譲渡の際のMSDS情報の提供を義務づけている。このMSDS情報は，文書または磁気ディスクで提供できるとなっている。しかし，一般公衆への「知る権利」としての情報公開は定められていない[2]。もっとも，MSDS情報が公開されたとしても自然科学的な要素が強い内容となるため，理解するにはある程度の環境教育が必要となる。個人のリスクを回避するにはこの情報に基づいた適切な対象が必要となるが，情報公開されたことによってリスクの存在が予見できることになり，健康な生活をおくるには「知る義務」（例えば，環境教育など）も考えなければならないだろう。これまでのように，行政などの対処不足を非難することはできなくなる。遺伝子組換え食品に関しては，科学技術的（または医学的）根拠が不明なまま，すでに一般公衆に摂取選択（食べるか食べないか）が法令で定められている。放射性物質のリスクに関しての情報は，非常に複雑な要因が多いため，摂取基準などが放射線の総量や線量率等で示されても不安な要因はなかなか払拭することはできないだろう。個人的な意見としては，NPTで核爆弾の保有が許されている国や国際法に反して保有している国の一般公衆に，放射性物質の正しいリスクが理解されることを願いたい。

★1　MSDSの国際的な動向
　1992年に開催された「国連環境と開発に関する会議（United Nations Conference on Environment and Development）」で採択された「アジェンダ21」の第19章「有害かつ危険な製品の不法な国際取引の防止を含む有害化学物質の環境上適正な管理」では，「健康及び環境への有害性評価に基づいた化学物質の適切なラベル表示及びICSC（International Chemical Safety Card）のようなMSDS又は同様な書面の普及が，化学物質の安全な取扱い方法及び使用方法を示す最も単純かつ効果的方法である。」と，化学物質の性状情報の重要性を示している。ICSCとは，国連環境計画（UNEP），国際労働機関（International Labour Organization：ILO），世界保健機構（World Health Organization：WHO）の共同の国連組織である国際化学物質安全性計画（International Programme on Chemical Safety：IPCS）によって，1988年から作成が続けられている化学物質の安全性カードである。ICSCは，化学の専門家ではない人達を利用の対象者としており，記載内容はわかりやすく簡単に示されていることが特徴である。有害化学物質対策が遅れている開発途上国への安全性情報の提供手段やトレーニングの際の教材にすることも意図されている。一般公衆向けの情報公開に適していると思われる。
　また，国際連合環境計画（UNEP）では，「化学物質の人及び環境への影響に関する既存の情報を国際的に収集・蓄積すること」および「化学物質の各国の規制に係る諸情報を提

供すること」を目的として，別途，国際有害化学物質登録制度（International Register of Potentially Toxic Chemicals：IRPTC）を実施している。このほか国際的に利用されている代表的な有害化学物質データ集として，致死量が記載された米国立労働安全衛生研究所発行の「化学物質有害性影響登録」（RTECS, Registry of Toxic Effects of Chemical Substances (xxxx-xxxx) Edition, (xxxx) U.S.DHHS (NIOSH).），作業環境における許容値を示している米国産業衛生専門家会議発行の「作業環境における化学物質の許容濃度」（ACGIH Documentation of the Threshold Limit Values, American Conference of Governmental Industrial Hygienists）があげられる。

米国では，MSDSを環境汚染対策の基礎情報として法律により整備させている。1985年に米国OSHA（労働安全衛生局：Occupational Safety and Health Administrationにより，HCS（危険有害性周知基準：Hazard Communication Standard）が定められ，事業者に対し，作業者がMSDSを利用できるように義務づけた。その後，SARA（Superfund Amendments and Reauthorization Act of1986）のTITLE Ⅲで，地域の知る権利として事故時対策委員会および消防署へも提出が義務づけられた。TSCA（Toxic Substances Control Act）でも新規化学物質の製造前の届出の際のHazard InfomationにMSDSが含められた。ECでは，1993年に危険な（Dangerous）物質と調剤に関するMSDSの内容について指令が公布されている。ILOでは，1960年に「職場における化学物質の使用の安全に関する条約」が採択され，この条約に基づくILO勧告で，MSDSの記載項目が定められている。

他方，ISO（International Organization for Standardization：国際標準化機構）では，MSDSの国際規格としてISO11014-1を発行している。本規格を日本語に翻訳したものが，日本工業規格でJIS Z7250として定められている。ISO11014-1でMSDSに記載を要求しているものは次の16項目があり，内容を記載する際には，これらの項目名，番号，および順序は変更してはならないと定められている。

①化学物質等および会社情報，②組成，成分情報，③危険有害性の要約，④応急措置，⑤火災時の措置，⑥漏出時の措置，⑦取扱いおよび保管上の注意，⑧暴露防止および保護措置，⑨物理的および化学的性質，⑩安定性および反応性，⑪有害性情報，⑫環境影響情報，⑬廃棄上の注意，⑭輸送上の注意，⑮適用法令，⑯その他の情報，（備考　16の項目名のもとに，それぞれ該当する情報を記載する。その情報が入手できない場合は，なぜ入手できないかを記載する。各項目は空白にしてはならない。ただし，"⑯その他の情報"のところは空白でもよい。MSDSでは情報の出典については必ずしも記載しなくてもよい。）

労働現場においては，「労働安全衛生法」（以下，安衛法とする）によって，化学物質の有害性等の表示および文書の交付が義務づけられている。安衛法57条の1（表示等）では，労働者に健康障害を生ずる恐れがあるもので政令で定めているものを容器に入れ，または包装して，譲渡し，または提供するものに対して，表示が義務づけられている。さらに，安衛法57条の2（文書の交付等）では，譲渡し，または提供する相手方へも通知を義務づけている。このほか，「毒物及び劇物取締法」でも'毒物又は劇物の表示'（第12条）が定められている。

また，「化学物質管理法」に基づく，「指定化学物質等の性状及び取扱いに関する情報の提供の方法等を定める省令」における化学物質の性状取扱情報に含める情報（MSDS項目）とISO11014-1との項目が合致していないことも問題である。さらに，ISO11014-1や化学物質管理法省令で定めるMSDSの項目では，化学物質が起こした事故事例は取り上げられていない。わが国においては，MSDSについての議論が不足していると考えられる。

3 曝露（exposure）

環境中または生体に存在する微量化学物質を検出およびトレースする科学技術は飛躍的に進歩してきている。今後，これまで不明な部分が多かった化学物質の移動についても挙動が次第に明らかになっていくことにより，具体的安全対策も可能となる。現在，自然浄化（汚染に対する自然がもとの状態に戻ろうとする機能）や医学的な知見などを十分に踏まえて，「あるべき自然環境の状態」，および「汚染物質の排出量（環境中で拡散して希釈されることを考慮）を定めて自然環境の状態を維持すること」が，法令によって定められている。

前者は，人の健康を保護し，および生活環境を保全する上で維持されることが望ましい基準として，政府によって「環境基準」が定められている（環境基本法16条）。この基準には，各環境媒体の望ましい状態が示されており，しばしばこの基準が守られない地点も発生する。このような状況が深刻な場合は，環境基準遵守のための強制力はないため，別途，排出源に対しての規制を厳しくするなどして環境リスクの低下が図られる。

後者は，個々の環境媒体への排出源に対して，各汚染物質による排出による環境負荷を最小限にする限界値を定め，規制するものである。水質汚濁防止法や大気汚染防止法など個別の環境法で対処されている（「土壌汚染対策法」は汚染された土壌について情報公開・改善を図ったもので，汚染防止規制ではない）。規制の方法は，排出口での汚染物の濃度または特定地域の総量の上限が定められ，行政または行政から委託された測定機関によって監視され，取り締まられている。

なお，汚染物は排出口から環境中へと移動することによって拡散することから，「環境基準値」は「排出基準値」より厳しい値となっている。放射線のように自然から放出（ラドンや花崗岩など岩石）されるものがある場合は，通常の

生活においても環境リスクが高い可能性があるため、何らかの新たな規制が望まれる。自然環境に存在する有害な物質として、亜硫酸ガス（イオウ臭）、ヒ素、カドミウム、鉛、水銀などもあり、さらに地震や噴火など自然現象での大量発生の可能性もあるため、事前に対処・規制を検討する必要があるだろう。

　他方、汚染物質の濃度や騒音・振動の測定は、計量法に基づいて行われ、排出口を監視している。このような化学物質の濃度や量を測定することを定量分析という（国家資格者環境計量士による計量証明）。この方法は、汚染物質ごとに個別に対応することになるため、測定物質が増加するとモニタリングのための行政コストが増加するため、一度汚染を発生させたような物質の再発防止策が中心である。しかし、原子力発電所の事故のように複数の放射性物質（励起してしまった物質）が発生した場合は、どのような化学物質が飛散、拡散しているのか知るために測定しなければならない。このような操作を、定性分析といい、汚染原因を見つける際に行われる。定性分析では、多くの物質を一度に調査することは非常に難しいことから、事前に対処しておくことが重要である。

　また、濃度規制や総量規制で特定の汚染物質のみの環境リスクを減少させるには限界があり、ハザードが不明な化学物質も包括的に対象にする必要がある。この対処として多くの国で取り組まれている制度にPRTR（Pollutant Release and Transfer Register：有害化学物質放出移動登録）がある。[★2]この制度では、有害性等の性状情報が十分に分かっていないが、潜在的に環境汚染を発生させる恐れがある化学物質について包括的に環境リスク管理を行うことを図っており、具体的には、事業所等から排出または廃棄される汚染の可能性のある化学物質の種類と量を記録し、行政がそのデータを管理規制することを実施している。わが国では、化学物質管理法が、PRTR法として施行されている。排出（Release）は、排気や排水を表し、移動（Transfer）は、廃棄物や下水道への移動を意味する。

　PRTR制度によって個別データが整備されると、地域やデータの属性で解析が可能になり、情報公開による環境改善のための誘導政策や予想外の汚染が発生した場合の拡大防止や再発防止にも重要な情報を与える。

　したがって、次の式で汚染物質による地域ごとの環境リスクの指標が示すことができる。

環境リスク ＝ MSDSによる有害性評価 × PRTRによる放出量

しかし，原子力発電所の事故による放射性物質の放射では，拡散された地域が極めて広いことおよびホットスポット（放射線量が特に高い区域）が多数存在することから，環境リスクの大きさも地域によって異なってしまっているため，正確な拡散シミュレーション等の研究も必要となる。核燃料を含み化学物質貯蔵情報提出に関しては，PRTR制度では要求されていないため，事故や作業員のミスなど偶発的な放出には対処不能である。環境保全全般を考える場合，合理性に欠けている。

★2　PRTR（Pollutant Release and Transfer Register）制度は，1996年にOECDによって，各国に導入を勧告したことから，多くの先進諸国で法律が制定されている。汚染物質の発生源は，人間活動のすべての領域にあり，無数にある潜在的汚物質をモニタリングし安全管理を行うには限界がある。特に，高度化した技術のもとでは，発生源が多様化し高度な専門的知識が必要となっている（行政が組織的に環境モニタリング規制を行おうとすると，膨大な行政コストを生じる）。本制度では，排出口での科学的測定を用いず，企業が独自で収集した情報について統計等を使った手法に基づいて，多くの化学物質の放出・移動情報を行政に提出するシステムとなっている。

　実際の環境情報を詳細に把握するには，各家庭からの排出物なども個別データとして整備する必要があるが現状では実施されていない。なお，わが国のPRTR情報の公開時においては，届出外情報として国内の排出量全体について統計的推定値が示されている。オランダのPRTR制度では，工場や交通，および農業からの化学物質の放出データが統計的に処理され，公開されている。

　米国のPRTR制度であるTRI（Toxic Release Inventory：有害物質放出目録）は，スーパーファンド法一部として「事故計画及び一般公衆の知る権利法（Emergency Planning and Community Right to Know ACT）」の第313条に規定されており，1987年から施行されている。PRTR情報は，毎年7月に所定の書式（FormRといわれる）に基づいて事業所等から行政へ提出され，行政では約1年間をかけて情報の整理分析を行った後，州比較や統計データなどが記載された形で複数の文献およびデジタルデータで公開されている。なお，公開情報には，連邦政府の施設からの放出・移動も含まれる。第311条にはMSDSの提出，第302条に，「限界基準量以上施設内に存在する場合の報告」，第304条に「有害物質を規定量以上放出した場合の報告」が求められており，化学物質の事業所からの放出に関する情報が法規制によって合理的に整備されている。なお，貯蔵に関しては，インド・ボパール市で1984年に米国農薬メーカー子会社経営の農薬工場が発生させた大事故を受けて米国世論が高まったことから，1986年にスーパーファンド法が改正された際にSARA（Superfund Amendments and Reauthorization Act of 1986：スーパーファンド改正再授権法）のEPCRA（Emergency Planning and Community Right to Know Act：事故計画及び一般公

衆の知る権利法）中に規定されたものである。

4 事故対策

わが国の環境汚染にかかる事故時の対処に関しては，大気汚染防止法第17条で事後措置（事故時の措置）が定められている．事故時措置の規制対象となる化学物質は，わずか28物質のみである．事故時に適切に対処するには，事前に事故の発生源に貯蔵されている化学物質の種類と量を確認しておくことが重要である．化学物質の放出・移動情報の報告を行う「化学物質管理法」では，貯蔵に関しての規定は定められていない．行政の事故対処に関しては事業所内の労働災害に関わるものは労働基準監督署，火災等に関わるものは消防機関が行っているが，事故時の環境汚染に関して関係機関が迅速に協力する体制を整えておくことが必要である．関連情報の整備等事前対策および事故発生時の対処に関して，新たな法令が制定されることが望まれる．

3・1・2 京都議定書の失敗

1 概　要

「気候変動に関する国際連合枠組み条約（United Nations Framework Convention on Climate Change）：以下，UNFCCCとする。」に基づき制定された「京都議定書」は，地球温暖化・気候変動に一般公衆の注目をもたせたことに効果があったと言えるが，国際的な地球温暖化防止についてのコンセンサスを得ることには失敗している．地球環境問題に関した科学知見の理解不足と，社会科学的対策で，国際的な経済戦略，およびエネルギー戦略（または安全保障）について，複数の国の利害関係に基づく思惑が調整できなかったことが原因である．

地球温暖化による気候変動等の問題（異常気象，海面上昇，熱波，熱帯性伝染病の拡大など）は，フロン等のオゾン層破壊による紫外線増加が問題（人間をはじめ生物に対する紫外線〔有害性〕の被害）となった地球環境問題と違い，被害が複数に及び，巨大な市場をもつ石油産業をはじめほとんどの産業に明確な経済的ダメージがあることがあげられる．特に，紫外線の増加は多くのアレルギー患者を発生させ，皮膚ガンの発生率を明らかに高めたため，環境リスクを感覚的に確認することができたが，地球温暖化の場合，熱波以外直接被害として感じ

取ることができなかったことから，一般公衆のコンセンサスも得ることができなかったと思われる。地球温暖化と京都議定書でその原因とされる物質の因果関係については，自然科学面においても疑問視するものが多く，地球温暖化と被害をもたらしている異常気象等についても因果関係を疑う科学者が多い。低レベル放射線による慢性的な被害のように長期間を経て被害が発生するものは，因果関係を証明することはさらに困難になる。気候変動も数十年，百数十年後の影響予測が実施されている。

また，わが国で発生した水俣病やイタイイタイ病など環境被害についても，裁判ではその原因物質について加害者である大企業や，国民の安全を守らなければならない（リスクを減少させなければならない）政府は，被害者側の主張を真っ向から否定していた。被害と加害原因の因果関係を解析する際にも多額の費用がかかるため，経済的なバックアップがなければ環境リスクの原因もなかなか解明できない。経済的に強い国の主張に科学的根拠をもって対抗するのは極めて困難である。

2　途上国と先進国 —— 差異ある責任 ——

1992年に開催された「国連環境と開発に関する会議（United Nations Conference on Environment and Development：以下，UNCEDとする）」では，途上国と先進国間における経済的な格差を縮めるために「環境と開発に関するリオ宣言（The Rio Declaration on Environment and Development：通称　リオ宣言）の第7原則において「各国は共通であるが差異ある責任を有する」と謳い，先進国に特別に加えられた責任を定めている。この原則についての解釈は，先進国と途上国で大きく異なっている。途上国サイドは無償の援助を要求しており，「先進国が途上国に対し経済的な支援をすることは国際法上の義務（obligation）」としているのに対し，先進国は，「途上国への経済的な援助は努力義務（effort）」と理解している。途上国と先進国の対立は，1972年の「国連人間環境会議（United Nations Conference on the Human Environment：以下，UNCHEとする）」以来の国際的課題となっており，UNCHEで採択された「人間環境宣言（The Declaration on Human Environment）」においても「先進国と途上国の格差を縮めること」が求められている。

この問題の解決は，UNCEDで議論のテーマとなった「持続可能な開発

（Sustainable Development）を国際的に実現するには不可欠なものである。単に先進国から途上国に一時的に経済援助のみを行っても問題の解決にはならない。過去に行われた先進国からの融資による港や道路などインフラストラクチャーの整備は，途上国の債務を膨らませる原因となっており，途上国の為替レートを低下させた。その結果，莫大な量の資源，食料などを低価格で途上国から先進国へ移動させることとなってしまっている。この経済システムは，米国，欧州など先進国の巨大企業が促進しているものであり，時には途上国における児童や女性の過酷な労働，再生不可能な自然破壊などCSR（Corporate Social Responsibility）の問題も発生させる事態となっている。また，後発開発途上国へ援助された資金がフェアに管理されているどうかも疑問である。LCA（Life Cycle Assessment）の視点からみても，移動のエネルギー消費，環境汚染，現地（途上国）で行われる一次処理（精製，加工）で発生する廃棄物，有害物質の放出など環境効率の低下が顕著である。途上国に必要なものは，持続可能な発展に必要な知的財産を国内にストックすることである。すなわち，先進国の差異ある責任は，途上国の状態を考慮し，教育システムの整備や技術移転など，将来の健全な発展が期待できるものでなければならない。

　また，UNFCCCでは，第3条（原則）で，「締約国が条約の目的を達成し及びこの条約を実施するための措置をとるに当たる」ための指針が定められており，この「差異ある責任」については第1項で次のように示されている。

　「締約国は，衡平の原則に基づき，かつ，それぞれ共通に有しているが差異のある責任及び各国の能力に従い，人類の現在及び将来の世代のために気候系を保護すべきである。したがって，先進締約国は，率先して気候変動及びその悪影響に対処すべきである。」

　この対処を具体化させるために，P&T3-1に示す先進国（締約国）は，途上国（締約国）に対し「地球温暖化原因物質の人為的な排出を抑制し，削減又は防止する技術，慣行及び方法の開発，利用及び普及（移転を含む。）を促進し，並びにこれらについて協力すること。」（UNFCCC第12条第1項）と定められている。環境へ配慮しなかった科学技術が進展し，先進国から途上国へと移転していった結果，世界各国で環境破壊が始まってしまっている。当初は，先進国，世界銀行，IFC（International Finance Corporation）などは，急性的な環境汚染

P&T3-1　気候変動に関する国際連合枠組み条約 附属書Ⅱに掲げる締約国（先進国）

・オーストラリア	・日　本
・オーストリア	・ルクセンブルグ
・ベルギー	・オランダ
・カナダ	・ニュージーランド
・デンマーク	・ノルウェー
・欧州経済共同体	・ポルトガル
・フィンランド	・スペイン
・フランス	・スウェーデン
・ドイツ	・スイス
・ギリシャ	・トルコ
・アイスランド	・グレート・ブリテン
・アイルランド	および北部アイルランド連合王国
・イタリア	・米　国

を発生させる産業（特に鉱物の一次処理などを行うもの）の生産拠点を先進国から途上国へ移転させた（被害が発生しても補償が安価であるため）。そして，環境リスクが懸念される先進国では規制が厳しくなった生産（遺伝子組換え技術，半導体生産など有害廃棄物が発生する技術）も移転させ，さらに有害な廃棄物を途上国へ持ち込み最終処分するといった悪質な行為まで発生している（輸出入の際には，廃棄物とされず資源などとされるため，実際の移動量は確認できない場合が多い[3]）。有害物質汚染の対処についての効果の確認は比較的容易に可能であるが，地球温暖化対策による気候変動防止の効果を確かめることは難しく，長期間を要するため一般公衆が気づくことはあまり期待できない。

3　CDM（Clean Development Mechanism）

先進国は，「途上国に対する差異ある責任（義務）を履行するために負担するすべての合意された費用に充てるため，新規のかつ追加的な資金を供与すること」（UNFCCC第4条第3項抜粋）や「気候変動の悪影響を特に受けやすい開発途上国（締約国）がそのような悪影響に適応するための費用を負担することについて，当該途上国を支援すること」（UNFCCC第4条第4項）が定められており，国際的な気候変動防止対策と途上国への支援について，先進国がイニシアティブを持って取り組むことが示されている。この規定を踏まえて京都議定

書では，CDM規定が先進国に課せられた差異ある責任として定められている。

気候変動に関する国際連合枠組条約に批准している国は192ヵ国（2008年5月23日現在）と多いが，京都議定書において二酸化炭素等地球温暖化原因物質削減のための数値目標が示されている国は，41ヵ国と少なく，151ヵ国には削減義務は課されていない。「汚染者負担の原則」に則っていないことから，多くの国々が不公平感をもって当然であろう。そもそも地球温暖化原因物質削減の各国に課された数値目標には明確な根拠が無く，国民1人当たりにすると米国国民のみが日本や欧州の国民より約2倍の排出が許されることとなる。したがって，京都議定書には不公平な規定が山積されているといえる。このような状況の中で地球温暖化原因物質排出に関する具体的な削減目標に対して，国際的なコンセンサスを得ることは困難である。

地球温暖化原因物質である二酸化炭素の削減は，経済成長の足かせになるが，削減義務がない国はエネルギー効率が高い技術を無償で得られたり，資金援助を得られるため，経済成長を拡大させるチャンスとなる。実際CDMによって支援を受けている国は，中国，インド，ブラジルなど経済成長が著しい国々へのものがほとんどであり，投資メリットがない貧困に苦しむ国へはほとんど行われていない。「差異ある責任」の本来の目的があまり果たされていないと思われる。

国際的に知的財産保護を保証した上での省エネルギー（または環境効率の向上）技術の開発，自然に負荷がかからないような自然エネルギー開発などを誘導し，普及させるなど国際的な誘導策を図っていくようなシンプルな方策の方（地球温暖化を少しでも遅らせる）が現状では妥当と考えられる。

3・1・3　エネルギー政策の変化

1　政府の基本的な方針

わが国のエネルギー政策は，以前は経済産業省（旧 通商産業省）内の「総合エネルギー調査会」で審議され，進められていたが，2002年に「エネルギー政策基本法」（以下，政策法とする）が制定されたことから閣議決定で定められるようになった。したがって，2002年より前は，エネルギーに関する政策は国民に公開されることなく，特定の行政官庁の中のみで決められてきたことに

なる。わが国のようにエネルギー資源（鉱物資源も少ない）がほとんどない国にとっては，政府がイニシアティブをとって最も効率的な将来計画が作られてきたと考えられるが，国民は生活維持に直接関係する資源調達，供給を任せきりにしてきたとも言える。2011年3月の福島第一原子力発電所事故で，東京とその周辺の莫大な電力が，遠く離れた海岸線に立地している原子力発電所から供給されていたことを知った人も多い。普段は当たり前のように供給されている電気は，実は不安定であったことを認識した人も多い。

政策法の基本的な方針は，「安定供給の確保」（第2条），「環境への適合」（第3条），「市場原理の活用」（第4条）となっている。しかし，供給源そのものの施策や強制的な省エネルギーの実行などを求めてはいない。2011年の夏に原子力発電所停止による深刻な電力不足が生じた際に産業界に節電を促した根拠は，電気事業法27条[★3]に基づいて行われたものである。不測の事態に対する政府の事前計画は極めて希薄なものと思われる。また，当該事故によって基本方針の実行状況・推進体制が脆弱であったことが示された。

> ★3　電気事業法 第27条（電気の使用制限等）
> 　経済産業大臣は，電気の需給の調整を行わなければ電気の供給の不足が国民経済及び国民生活に悪影響を及ぼし，公共の利益を阻害するおそれがあると認められるときは，その事態を克服するため必要な限度において，政令で定めるところにより，使用電力量の限度，使用最大電力の限度，用途若しくは使用を停止すべき日時を定めて，一般電気事業者，特定電気事業者若しくは特定規模電気事業者の供給する電気の使用を制限し，又は受電電力の容量の限度を定めて，一般電気事業者，特定電気事業者若しくは特定規模電気事業者からの受電を制限することができる。

エネルギー政策の基本となる「エネルギー基本計画」は，経済産業大臣が，関係行政機関の長の意見を聴き，政策法制定後新たに設置された「総合資源エネルギー調査会」の意見を聴き，計画案を作成し，閣議で決定されることとなっている（政策法第12条3項）。この閣議の決定があったときは，経済産業大臣が，エネルギー基本計画を，速やかに，国会に報告するとともに，公表しなければならないとなっている（同条4項）。政策法の目的（政策法第1条）は，「エネルギーの需給に関する施策に関し，基本方針を定め，並びに国及び地方公共団体の責務等を明らかにするとともに，エネルギーの需給に関する施策の基本となる事

項を定めることにより，エネルギーの需給に関する施策を長期的，総合的かつ計画的に推進し，もって地域及び地球の環境の保全に寄与するとともに我が国及び世界の経済社会の持続的な発展に貢献すること」となっており，エネルギーの需給の誘導などに関する施策の基本を定めている。

環境への適合については，①エネルギーの消費の効率化を図る，②太陽光，風力等の化石燃料以外のエネルギーの利用への転換をする，③化石燃料の効率的な利用を推進する，の3項目が示されている。

これらの項目の実施により，地球温暖化の防止，地域環境の保全が図られたエネルギーの需給を実現，循環型社会の形成に資するための施策の推進を図るとしており，環境政策との整合性が図られている。エネルギー政策は，すでに国家的な体制が作られており，国の安全保障とも深く関わっているため，環境保全に関する新たな権限を理解し受容されることは容易ではないが実現しなければ持続可能な開発は期待できない。グリーンサイエンスの面から，当面最も重要なことは第4章で議論する「環境効率の向上」を進めていくことである。

2　経済的な誘導

政策法では，市場原理の活用については，「エネルギー市場の自由化等のエネルギーの需給に関する経済構造改革について，事業者の自主性及び創造性が十分に発揮され，エネルギー需要者の利益が十分に確保されることを旨として，規制緩和等の施策が推進されなければならない」ことが述べられている。この方針に従い漸次電力自由化が進められ，電力料金が低下した。

再生可能エネルギーの供給拡大を図っているドイツでは，1991年に「電力買い取り法」を制定し，電力会社に再生可能エネルギーによって発電した電力を買い取らせることを定めている。売電事業は一般公衆も行うことができるため，国内に広く普及した。2000年には，「自然エネルギー促進法」を制定し，風力発電設備容量の増加を加速させた。この大きな要因は，自然エネルギーで生産された電気を電力会社が固定価格で長期間買取をするフィードインタリフ (Feed-in Tariff) 制度を導入し経済的誘導を図ったことである。しかし，この買取りにより電力会社のコスト負担が増加し，電気料金の値上げを余儀なくされている。自然エネルギーを量産することで発電コストを低下させることには成功しているが，火力や原子力による発電コストに近づけるまでには至っていな

> **トピック3-1　PDCA**
>
> 　米国の統計学および物理学者であるシューハート（Walter Andrew Shewhart）が考案した品質管理（統計的品質管理）の手法である。わが国では，シューハートの共同研究者である物理学者のデミング（W. Edwards Deming,）が，第二次世界大戦後の経済成長期に品質管理手法を紹介したことからデミング・ホイール（Deming Wheel）またはデミング・サイクル（Deming cycle）ともいわれている（デミングは，シューハートサイクルと呼んでいる）。シューハートは，1925年に設立されたベル研究所で，通信システムの信頼性の向上（検査方法など）の研究（1956年まで）をしており，研究成果は，Bell System Technical Journalに論文として発表されている。
> 　PDCAサイクルとは，計画（Plan），実行（Do），点検・評価（Check），改善（Act）の手順で螺旋を描いて品質管理が向上していく手法をいい，このサイクルは継続的に行われていくことで業務改善を図ることができる。この進捗をスパイラルアップ（spiral up）と表現している（なお，デミングは，CheckをStudyとして，点検部分での検討の重要性を主張し，PDSAサイクルも提唱している）。PDCAによる品質管理手法は，国際標準化機構（International Organization for Standardization：ISO）の複数規格に採用されており，環境管理規格（ISO14000シリーズ）の環境改善方法にも採用されている。

い。さらに，メンテナンス，および短い寿命による処理，新設コストへの対応も迫られることになるため，今後の動向も注目される。ただし，長期的視点をもった当該エネルギー政策で，再生可能エネルギー導入のロードマップを策定し，化石燃料消費の一部を代替したことは事実であり，エネルギー自給率の向上（エネルギーの安定供給）に成功しているといえる。

　このドイツや他のフィードインタリフ制度が成功した国々の例を参考にして，経済産業省内に2008年7月に再生可能エネルギー供給拡大を目的として新料金制度（コスト増大に対処するための）に関する研究会を設立している。しかし，風力発電やバイオマス発電など自然エネルギーはエネルギー密度が低いため，都市へ大量の電力を供給するには莫大な数の施設が必要となるが，それらを設置することができると考えられる山岳地域や僻地には，送電線網がなく新たに敷設しなければならない。現状では，都市へ送電できる場所が限られてしまい十分に発電施設を設置できない。もっとも，新たに送電線網を整備し，莫大な発電設備を設置したとしても，インフラストラクチャーへの巨額の投資と広大な自然環境の喪失という新たな問題が発生するだろう。自然エネルギーは，大量に発電し都市への電力供給源とするより，分散型発電として地域の電

力源とする方が送電ロスも減り，妥当である。また，（住宅屋根などに）太陽光発電等によって都市内で電力供給を図るにも，施設の寿命や使用済設備（廃棄物）の処理などデメリット面を十分検討する必要がある。

再生可能エネルギーによる発電設備の増加を目的として，補助金など経済的な誘導を進める場合，少なくとも数十年先の電力供給を見据えたロードマップを作成し，シューハート・サイクル（Shewhart Cycle：PDCA [Plan-Do-Check-Act] cycle）のようにチェックを繰り返し，慎重に進めていく必要があるだろう。わが国では，太陽光発電に対して行っていた補助金を突然打ち切ったため，太陽光発電生産販売の国際競争力を失った苦い経験があり，国際状況もよく調査検討する必要がある。海外である程度成功した経済的な誘導政策が，社会システムおよび状況が異なるわが国でそのまま成功する可能性は低い。わが国でフィードインタリフ制度が広い視点で慎重に普及されていくことが望まれる。

他方，電力自由化によってIPP（Independent Power Producer）による電力会社への電力供給，PPS（Power Producer and Supplier）による電力の小売りが可能となり，分散型発電の普及も予想され，新たな送電網が必要となる。[★4]この売電に関して現在は，送電は既存電力会社（一般電気事業者）が行うことが法令で定められているが，送電事業と発電事業が一体となった電力供給の合理性は失われていくと考えられる[5]（電気通信事業のような既得権の一部の温存が懸念されるが）。ただし，新たな発電事業者の環境配慮および発電所周辺住民とのリスクコミュニケーションの欠如，および送電効率の低下が発生しないように電力供給と需要間の管理が合理的に行われるような制度および技術を整備することが重要である。電力自由化は，電力供給先の選択肢拡大，および売電を拡大させる可能性があるが，リスクが増加しない安定した電力供給を最優先させなければ持続可能な当該システムの維持は望めない。経済的な面のみの評価ではなく，詳細なリスク分析に基づいたチェックが不可欠である。

★4　IPP（Independent Power Producer：独立系発電事業者）とは，電力会社へ電力の卸供給（入札制度）を行う一般事業者のことで，卸電力事業者とも言われている。1995年に改正（4月制定，12月施行）された電気事業法で当該電力の卸販売が認められ，自家発電設備が備わっている工場で余剰電力を販売するチャンス（潜在的な電力供給能力の活用）ができ，他業種の企業が新たにガスタービンによる発電設備などを導入し電力供給事業に

参入することも可能になった。鉄鋼，セメント，石油などの企業がすでに電力の卸売りを行っている。

その後，1999年5月に再び電気事業法が改正され，2000年3月から大口需要者への（部分的）電力小売りが始まった。この電力供給者をPPS（Power Producer and Supplier：特定規模電気事業者）といい，IPPなどが法令に定めた需用者への電力供給事業に新規に参入することが可能になった。大口需要者とは，地方公共事業団体，デパート，工場など大量電力消費施設が該当する。ただし，電力の供給は，原則として参入規制，供給義務，料金規制を設けていないため，需用者の要望に応じて供給されるものではなく，料金も社会状況に応じて変動する可能性がある。

3 電力供給源の選択

電気は，プラグをコンセントに差し込み使用する段階では，クリーンなエネルギーだが，エネルギーを作り出している発電では環境汚染物質を発生している。米国で始まり世界的に広がった汚染物質の排出権（量）取引（米国ではClean Air Act：CAA173条）は，当初は，発電所等で燃焼している石油の酸性物質（SOx〔イオウ酸化物〕など）の排出を減少することを目的としていた。また，ダム等再生可能エネルギーでは，広大な自然（生態系）または自然システムを破壊したり，騒音被害（風力）や景観破壊（風力や太陽光）が問題となっており，利益を受けている多くの電力需要者（人口が集中している地域）と供給施設周辺の住民とでは意識が異なる。原子力発電所のように，ハザードが巨大に大きいものは，事故が起こったニュースが伝わるだけでも（曝露〔事故発生の確率〕がゼロでないことを知り）精神的な負担（不安）が高まる。エネルギーのなかでも電気は，需要地と供給地が遠く離れていることで，リスクに対する理解が大きく異なっていると言える。

地球温暖化による環境変動に関しても，化石燃料等の燃焼など地球温暖化原因物質の発生源，サービスによる利益を受けている利用者，化石燃料等の採掘・売買等で経済的利益を得ているもの，環境変動で被害を被っている地域住民などが複雑に存在しており，その対策の必要性に関しての意識は全く異なる。国内でも国民の意見はばらつきが多い。地球温暖化による環境変動は極めてゆっくり変化し，変化が生じた後の改善方法は全く不明なため，この問題に対して意識が働かないと思われる。むしろこの問題の是非に関して，軽薄な科学的根拠のもとで社会の注目を集めている者も少なくない。このような状況で電気の

使用に伴って排出される二酸化炭素の量について一般公衆の関心を得ることは難しい。しかし，各電力会社における火力発電，原子力発電，水力発電などの発電量の割合が違っているため，環境省ガイドラインに基づき次の式で各社の単位発電量当たりの二酸化炭素の量が計算されて公表されている。

電気の使用に伴う二酸化炭素の排出量（kg・二酸化炭素）
　＝電気使用量（kWh）×全電源平均の二酸化炭素排出係数（kg・二酸化炭素／kWh）

$$全電源平均の二酸化炭素排出係数 = \frac{火力発電所で排出された二酸化炭素の量（kg）}{電力会社が供給した電気の量（kWh）}$$

　電気自動車がエコカーと言われているが，供給される電力のエネルギー源によって二酸化炭素の排出量は異なってくる。カーボン・オフセット（自らの二酸化炭素排出量のうち，削減できない量の全部または一部を他の場所での削減・吸収量で埋め合わせる）やカーボンフットプリント[6]（製品が作られるまでに排出した二酸化炭素の量を表示すること）が普及してくると，選択した電力供給源で数値が変化することとなる。そもそも電気で走るからエコカーと安易に言っていること自体疑問である。走っている場所および車内のみは騒音や汚染物排出は少ないが，遠くの発電施設が環境汚染を発生させている。

　また，発電コストでエネルギー源を比較し，特定の発電について優位性または劣位性を主張されることがよくあるが，あまり意味がないことである。長期的視点で見たLCC評価やエネルギーの調達等持続可能性が不明なままで，発電コストのみ取り出して議論しても一過性の対処しか期待できない。また，原子力発電所を止め火力発電所をフル稼働し，急遽設置したガスタービンで発電を行うことで，原子力発電所の事故による災害リスクの低下になる可能性があるが，他の環境汚染は拡大し，一時的に発電コストは莫大に増加する。巨大電力供給を確保する将来計画（ロードマップ）が不透明なまま，原子力発電所を単純に停止することは戦略をもった政策とは考えられない。元来，原子力発電によるエネルギー調達自体，計画性があったとは思われないが，原子力発電所停止の方策も短絡的な対処である。

4　省エネルギー

　エネルギーを効率的に使用することにより，消費されるエネルギー資源量が

減少し，見かけ上はわからないが，事実上資源貯蔵量は増加することとなる。わが国のようにエネルギー資源がほとんどない国にとっては，エネルギーの安定供給を維持する方法として極めて重要と言える。化石燃料が燃焼することによって発生する二酸化炭素やイオウ酸化物などが減少し，放射能をもつウラン，プルトニウムによる原子力発電が減り，ダムや風力発電など自然破壊も減少することができる。省エネルギーは，環境効率を効率させる上でも大いに機能している。

　エネルギーの消費量を減少させる方法としては，需要サイドで無駄に使用しているものを抑制すること，および供給サイドで無駄なく提供する方法とがある。供給サイドからのエネルギーとしては最も使いやすいが，大量貯蔵が困難なものは電気である。

　需要サイドの対策としては，照明の消し忘れの防止や，技術開発され省エネルギー性能が向上した製品（環境効率を向上させたもの：単位あたりのエネルギー燃料消費量に対してサービス量を増加させる／LED照明，燃費を向上させた自動車など）に変更していくことなどがあげられる。環境効率を向上させる省エネルギーは，エネルギーの安定供給に有効な方法であり，環境負荷を減少させることもでき，エネルギー政策上および環境政策上両方のメリットが大きい。民間企業では，節電や作業の効率化は，経費の節約にもなり，比較的容易に利益が算出できる。しかし，省エネルギー設備・施設の導入は，新たなイニシャルコストが必要となるため，補助金等資金援助による経済的な誘導が図られる場合が多い。なお，エネルギーの使用の合理化に関する法律（以下，省エネルギー法とする）による工場に係る措置では，コージェネレーションシステムなどエネルギーの使用の合理化の適切かつ有効な実施を図るため，経済産業大臣によって，エネルギーを使用して事業を行う者の判断の基準となるべき次の事項が定められ，公表されている（省エネルギー法第5条）。また，公的な補助金制度も複数行われている。

　省エネルギー法第5条1項2号　（イ）燃料の燃焼の合理化，（ロ）加熱及び冷却並びに伝熱の合理化，（ハ）廃熱の回収利用，（ニ）熱の動力等への変換の合理化，（ホ）放射，伝導，抵抗等によるエネルギーの損失の防止，（ヘ）電気の動力，熱等への変換の合理化。

　同条第2項　前項に規定する判断の基準となるべき事項は，エネルギー需給

の長期見通し，エネルギーの使用の合理化に関する技術水準その他の事情を勘案して定めるものとし，これらの事情の変動に応じて必要な改定をするものとする。

京都議定書が採択された1997年12月以降，気候変動防止の面（化石燃料燃焼抑制の面）からも省エネルギーが注目され，民生部門の規制対象の拡大など改正強化が繰り返されている。1998年法改正では，トップランナー方式が導入されたことで，省エネルギー開発が促進された。この方式では，電気機器や自動車の燃費の省エネルギー基準を，現在商品化されている個々の製品のうち最も優れている機器の性能以上にすることが定められ，担保措置として以前の勧告に加えて，性能の向上に関する勧告命令や罰則（罰金，懲役）が追加規制されている。トップランナー方式による規制の対象（「特定機器」省エネルギー法施行令第21条）は，乗用車，エアコン，テレビ，冷蔵庫，電子レンジ，複写機，DVDレコーダーなどである。なお，これら特定機器ごとに，経済産業大臣（自動車にあっては，経済産業大臣及び国土交通大臣）によって，当該性能の向上に関し製造事業者等の判断の基準となるべき事項が定められ，公表されている。エネルギー政策によって，グリーンサイエンスが図られた成功例といえるだろう。

他方，供給サイドは，需要が1日または一定時期でランダムに変化することで消費にムラができ，供給エネルギーに無駄が生じることがある。特に電気に関しては，電池等で大量に貯蔵すると新たな設備が必要なことと，エネルギー効率が低下してしまい，無駄が発生してしまう。さらに遠隔地に送電することによって送電ロス（放電によるロスの発生）が発生する。これらの問題を解消するために供給サイドでは，重要サイドの消費変動にあわせ，最も効率よくエネルギー消費を図ることが行われている。

特に，原子力発電は一度発電を行うと水力や火力のように数分から数時間で発電を開始することは不可能であるため，夜間行っている発電で作られた電力が使われなければ無駄になってしまう。このため夜間電力を利用する揚水発電[*5]や夏期の冷房やその他冷蔵などで夜間に氷等冷媒に冷熱を作り昼間に利用する方法，またはプラグイン電気自動車の夜間における充電などが行われている。しかし政府では，原子力発電の普及を前提として電源（火力［天然ガス，石油，石炭，バイオマス・廃棄物等］，原子力，水力，およびその他太陽光など再生可能エネ

P&T3-2 高瀬ダム（揚水式発電所：ロックフィル式ダム）

ルギー）のミックスを数十年のロードマップで計画していたため，原子力発電が停止するとピーク時の電源確保に極めてエネルギー効率の悪い揚水発電を火力発電で確保するなど，極めて環境効率の悪い発電が余儀なく行われている。火力による急激な発電量の増加による環境汚染・環境破壊物質の放出によって，多くの人にアレルギーをはじめさまざまな健康影響が発生し，地球温暖化が進行していると思われるが，広域にわたる極めてゆっくりとした影響（慢性影響）であるため見かけ上は何も起こっていないように思えるだろう。

★5 揚水発電とは，原子力発電所の夜間等余剰電力を利用して，川の下流にあるダムから上流にあるダムへ水を汲み上げ，昼間の電力消費のピーク時に発電を行い，都市等へ電力の供給を行っている。余剰の電力を使い，ピークに対応した効率的な電力供給である。水力発電は数分で発電が開始できるためピーク時対処に適している。しかし，揚水発電だけのエネルギー効率を取りあげると非常に悪いものになる。したがって，火力発電などを使って揚水を行うとさらにエネルギー効率が悪化してしまう。
　P&T3-2の長野県にある高瀬ダムは，下流にある七倉ダムから水を汲み上げている。岩石が存在する山深い地域であるため，近くの岩石を使ったロックフィル式のダムが建設されている。写真からは見えないが，地下に発電設備等大規模な施設が作られている。地下にある新高瀬川発電所（1981年竣工）では，128万kWの発電容量がある。人が住んでいない山間部であるので，建設に関して環境影響等に際して周辺に住んでいる人が全くいなかったため話し合い等調整の必要はなかった。

　他方，電力需用者の消費の状況を把握し，効率的に電力供給を行うことを目的としたスマートグリッドも世界各国で導入されつつある。そもそもは，電力供給について停電などを極力防ぎ信頼性が高く，効率的な送電を行うための賢い（smart）送配電網（grid）のことをいい，国家的なエネルギーに関する安全保障面が期待されている。わが国では，IPPおよびPPSによる電力供給も既存電力会社の送電線が使われているため，停電等のリスクは少ないと思われるが，

自然エネルギーのようにランダムに発電される電力が増加すると高性能な電池や分散型発電・供給を再度検討し直し，インフラストラクチャーを新たに整備していく必要があるだろう。スマートグリッドでは，IT技術およびネットワーク技術を駆使して個々の家庭の電力消費状況をスマートメーターで管理し，関連のインフラストラクチャーの整備等を行うことが行われる。このため安定した電力供給が困難な再生可能エネルギーの供給管理に機能すると思われる。米国政府（オバマ大統領）では，2009年2月に「米国再生再投資法（American Recovery and Reinvestment Act：ARRA）」に基づいて，雇用創出等の景気刺激策として当該電力管理手法を取り入れている。分散型発電を利用する場合のスマートシティ（または，スマートコミュニティ）の有力なエネルギー管理手法だろう。ただし，スマートメーターによって個人の生活パターン情報が確認できるため個人情報の保護といった別の管理も重要となる。

5　枯渇燃料への対処

人類が消費しているエネルギーである化石燃料，ウランは，地球からいずれ枯渇するエネルギーであり，種類によってはあと数十年で枯渇する。バイオマスのように再生可能エネルギーでも，森林の乱伐が進むと枯渇およびさらに大きな環境リスクがある生態系の破壊が発生する。

原子力エネルギー資源の延命化に関しては，第2章で取り上げたプルサーマルや高速増殖炉，または核融合による原子力発電が検討されているが，安全技術に関して未だ不安が残っているため，一般公衆の理解が十分に得られない状況である。

対して化石燃料の消費に関しては，二酸化炭素による地球温暖化，または当該地球温暖化による環境変動に関していずれも科学的な疑問が主張されており，人類へ与える被害に関して世界的に危機意識が高まっている状態ではない。したがって化石燃料は今後も主要なエネルギーとして使われていく可能性が高い。石油資源が減少するに従い，オイルサンド（Oil Sand／原油を含んだ砂岩）やオイルシェール（Oil Shale〔Shale：頁岩／粘土や泥の層が固まってできた堆積岩〕／原油含んだ頁岩）など，石油精製に高コストを要する化石燃料も市場化されている。天然ガスもメタンハイドレートのように深海で氷に閉じこめられたメタンの採掘が期待されている。数億年もかかって光合成で固定化（気体から固体

または液体になること）した炭素が，エネルギーとして消費（酸化）されて，すべてが二酸化炭素に戻ろうとしている。経済成長には不可欠なものであるため，当該燃料からのサービスを減少できないため，単位燃料あたりのサービス効率の向上（環境効率の向上，または省エネルギー性の向上）をしなければ，枯渇へのスピードを下げることはできないだろう。

　枯渇する燃料が，急激に高騰または，現存量自体が極端に減少した場合（または原子力エネルギーのように高いリスクから使用が回避された場合），現状では再生可能である自然エネルギーを利用するほかエネルギーを調達する方法が失われてしまう。または，全く新しいエネルギーが研究開発されることを期待するほか，現在のエネルギーによるサービスを得ることはできなくなるだろう。

　化石燃料（燃焼）または核燃料（核反応）の代替として自然エネルギーで環境に負荷をかけずに大量のエネルギーを得るには，幾度かのブレークスルー（breakthrough）が必要だろう。LCA，LCCの計算結果がないまま，経済的に見合わない自然エネルギー発電設備設置に補助金をつけて増加させていっても，普及できる部分は限られており，主要なエネルギー源とはならない。経済成長のみを目的として，湯水のようにエネルギーを消費する社会が構築されてしまっているため，ドラスチックなエネルギー消費削減策（エネルギー効率の悪い製品の使用禁止など）を行わなければ，近い将来発生するエネルギー枯渇時の困難は避けられない。また，経済成長と反する化石燃料消費の減少は国際的に実現する見込みが少なく，多くの自然科学者が予測している地球温暖化による環境変動の発生を防止する現状では困難である。

　人類の生活に必要な「もの」と「サービス」のほとんどを提供している企業が，社会的責任として「持続可能な開発」視点で検討を進めた場合，グリーンサイエンスが研究され，まだ見えぬブレークスルーが見いだせる可能性がある。政府または政治に，緊張感をもったリスク対処はあまり期待できないだろう。

3・2 科学のアセスメント

3・2・1 研究開発のステップ

　わが国では，利益に直接結びつかない基礎研究はあまり高い評価を受けることはなく，具体的な利益が見込まれる段階（応用研究）の研究が主流となっている。リスク研究のようなコストを要するものもあまり注目されない傾向がある。原子力発電所は安全と言われ続けてきたが，俯瞰的に技術全体の性質を確認することを怠ってしまったと思われる。原子力に関する研究は，宇宙からみれば極めて重要であり，人類にとって極めて重要な科学技術である。失敗の原因は，研究開発から普及に至るまでに一貫したリスク分析がなかったためと考えられる。科学技術は，普及するまで複数の過程を経る。一般的には，次に示すようなプロセスを踏むことになる。

　　（基礎研究）⇒　研究開発　⇒　応用研究　⇒　実用化研究，実用化開発
　　⇒　（パイロットプラント）⇒　普及のための開発研究（技術開発）

　今までは普及段階に入って環境負荷を考慮しているが，少なくとも応用研究の段階では環境リスクに関する情報（ハザードと曝露）を整備，分析し，環境負荷を検討する必要がある。原子力発電のように研究開発を文部科学省（以前は科学技術庁）が行い，その後，商業化段階で経済産業省（以前は通産省）および電力会社にバトンタッチする開発方法は，全く非合理的である。特にリスクに関しての情報は，商業化に関しては大きなコストになるため，研究段階から引き続き検討を続けていく必要がある。環境問題のみ環境省が行うことになるとさらに複雑となり，体系的に環境リスクの分析は困難となり，予防は遙か遠くの目的となってしまいかねないだろう。

　研究開発から実用化研究へと進展するに従い，一般社会での利用を明確化するためにさまざまな開発が展開されることとなる。また，技術を応用し，市場化する際には，技術調査（学術調査）にも多大な労力を費やす。技術が普及段

階へと進むに従い，必要とされるコストは指数関数的に膨らむ。発電のように規模の大きいものや，医薬品のように高付加価値のものは，膨大な開発費を要し，プラント建設にも巨額が投じられる。

例えば，100万kw級の原子力発電所建設には，数千億円が費やされる。電力会社の資金以外にも，多くの融資が投入され，さまざまな機関が関連することとなる。基本となる技術開発が不十分な場合，市民生活にも大きな影響を与えることとなり，開発者や投資者にも大きなダメージを与えることとなる。また，医薬品の開発には，1つの製品にさえ数百億円から1千億円程度も必要となることもある。1つの薬剤が医薬品メーカーを支えているケースもあり，医薬品メーカーにとっての研究開発は企業の将来を左右するものといっても過言ではない。

他方，基礎研究（仮説や理論の形成，現象や観察可能な事実に関して新しい知識を得るための研究）は，まだ形が見えない技術を予想するもので，投資費用に対する効果（利益）が予測しづらい。したがって，民間企業にとってはなかなか投資に踏み切れない場合が多い。わが国では，国家的に推進が必要とされる基礎研究については，政策的判断から国立研究機関で実施される。しかし，国立研究機関の独立行政法人化で，研究資金の調達を独自にしなければならない部分が大きくなると，直接特許の対象となるようなもの（研究費調達に直接結びつくもの）以外は，研究対象にならなくなる可能性が高い。他の先進国と比較した場合，わが国の基礎研究への投資は低い。当面の利益を中心に見た研究開発を主に行っていると長期的視点が不明確となり，長い目で見て技術レベルが低下していくだろう。原子力発電のように巨大な環境リスクがあるものは，多岐にわたる基礎的な研究が不可欠である。

3・2・2　科学技術の進展

産業界のこれからの科学技術開発戦略は，政府が策定する「科学技術基本計画」で示される方向が重要な視点となる。この計画は，1995年に制定された科学技術基本法 第9条に定められている「政府は，科学技術の振興に関する施策の総合的かつ計画的な推進を図るため，科学技術の振興に関する基本的な計画（科学技術基本計画）を策定しなければならない。」との規定に従って策定

されているものである。当該法では、わが国の研究開発費をGDP（Gross Domestic Product：国内総生産）の1％に引き上げることを目標とし、基礎研究の強化もめざしている。これまで、国家的・社会的課題に対応した研究開発の重点化の項目として、ナノテクノロジー・材料分野、ライフサイエンス分野、環境分野などが取り上げられている。

P&T3-3　大阪で開催された万国博覧会（1970年）
［撮影：勝田博］

このわが国の科学技術基本計画は日々変化しており、国際状況も含め適宜社会状況を分析しながら技術政策を策定していかなければ世界から取り残されていくこととなる。

　1956年に政府が発表した「経済白書」で日本経済が第二次世界大戦前の水準に回復したと示されて以降、所得倍増計画などの政策が打ち出され、高度経済成長期へと移行していく。この際に急激に成長した重化学工業で、環境汚染への配慮が欠けていたため、1950年代から国内の各地で環境問題が発生している。当初、政府は環境汚染を発生させた加害者である大企業の主張を支持していたため、被害者は公害裁判では苦戦を強いられている。新潟水俣病被害者に政府（環境大臣）が過ちを認め謝罪したのは、2011年と極めて長い時間が経過してからである。政府の社会的責任について再度検討すべきである。[★6]

　1968年にはGNP（Gross National Product：国民総生産）が世界で2位（資本主義国家内）となり、海外で地下から掘り出された物質およびエネルギー資源が大量に輸入されることとなる。その結果、生産時等に排出または廃棄されたものが国内に蓄積していくことになった。また、第2章で述べた1953年に国連総会で米国大統領アイゼンハワーが"Atoms for Peace"を訴えた後、世界的に原子力の平和利用がブームとなり、わが国も原子力平和利用博覧会等が国内各地で行われている。国際的に競って原子力発電の開発が進められ、当時は原子力開発を行うことに対して多くの国民に強い支持を得ていた。高い技術の証

となった原子力技術は漫画のタイトル（原子の力）にも使われていた。核廃棄物処理・処分が極めて困難なことや事故で深刻な放射性物質汚染が発生するようなリスクにはあまり目が向けられていない。

★6　1970年代の高度経済成長期には，わが国は公害対策にも着手し，科学技術レベルも向上し，国際的に注目されるようになってくる。1970年には，万国博覧会（大阪万博）がアジアで初めてわが国で開催され，6,400万人の入場者を集めた。博覧会のテーマは，「人類の進歩と調和」で，この会場には，福井県敦賀市に建設された日本原子力発電敦賀原子力発電所（BWR型原子炉）で発電された電気が送電された。
　同年に発電を開始した関西電力美浜発電所（福井県）原子炉1号機（PWR）は2010年にすでに40年の稼働をむかえたが，政府は10年の延長を認可した（経済産業省原子力安全・保安院の審議会は，関西電力が提出した「機器・設備の劣化を予測し10年間は安全に運転可能であるとする技術評価書」を妥当とした）。

　経済成長期の後，わが国では経済が暴走し，1986年から1990年にバブル経済に突入してしまう（株価は1989年末に3万8,915円になり4年間で約3倍に達した）。投機目的のみで実態のないまま資産価値が膨らみ続けた結果であるため，その後この状態は破綻し，地価の下落が始まり，いわゆるバブル経済がはじけてしまう。景気が後退していく中，企業の中には環境対策コストを削減するところが多数発生した。しかし1992年にブラジルのリオデジャネイロで開催された「国連環境と開発に関する会議」で「持続可能な開発」の概念が国際的に浸透し，企業における環境保護に関する取組みについて温度差が拡大していった。その後，CSR（Corporate Social Responsibility：企業の社会的責任）を重視する企業が欧米を中心に普及し，2000年以降わが国にもその考え方が理解されていった。さらに長期的視点で企業経営を評価する手法としてSRI（Socially Responsible Investment：社会的責任投資）が年金など機関投資家の注目を浴び，CSR評価がその重要な情報となっている。わが国では，CSRの最も重要な評価項目として環境面での対処が取り上げられており，グリーンサイエンスの進展が期待される。

3・3　環境汚染物質のコントロール

3・3・1　環境影響の原因拡大と時間的変化

1　複雑化する汚染

　三次元に存在するものは，化学物質ですべて作られており，その1つ1つの性質は，ほとんど知られていない。そのため，化学物質の汚染に関する科学的な知見が不足していることが多く，環境汚染により生体へ悪影響が働いていても原因が明確には特定できない。何らかの被害が発生しても，原因不明の難病，または奇病になってしまうことがある。微量の化学物質が生体に長期間をかけて継続的に摂取されると，健康を維持できる限界を超えた時点で病気となって発現する。ガンのように，いつ発現するか分からないものに対して予防を考えると，その被害発生の蓋然性のレベルを決定することが非常に重要となる。なお，リスクは，その発生の確率が0を超え1以下の数値で表せるものすべてが対象となるため，高いリスクとする数値を決定する根拠には自然科学における慎重な検討が必要である。すなわち，100万回に1回起こる被害でもリスクはあると言えるが，高いリスクであるかどうかはわからない。

　従来は，環境へ放出の恐れがある化学物質について，環境法によって排出抑制規制をする時は，明確に有害性が判明しているものが中心に行われていた。しかし，CASに登録されている化学物質は，1日に平均約4,100物質も増加している状況で，人為的に新たに作られた化学物質が地球上に数千万物質が存在している。莫大に存在する有害性が不明な化学物質に関して，環境中での安全管理を確保しなければならなくなっている。

　他方，化学物質の放出のコントロールが厳格になるほど環境リスクが小さくなると予想されるが，その安全管理に膨大な費用が必要となる。安全な環境，安全な労働，安全な衣食住が高コストなものとなり，そして貧富の差が，個人の清浄な環境で生存する権利の有無を左右してしまうこととなる。

　また，環境に放出される化学物質を抑制する法規制を背景に，排水・排気処理装置製造・販売など環境ビジネスの対象となる市場も生まれ，新たな環境法

が制定されるごとに市場が活性化している。しかし，この市場は，そもそも社会的費用[10]（コスト）が支払われなかった部分であり，技術開発に関した環境アセスメントおよびその対処が行われなかった部分への当然の支出により形成されている。2011年の東京電力福島第一原子力発電所の事故では，事故時の対処（原子炉が暴走した際の冷却用二次電源の確保，自然災害時の緊急時対処）が不十分であったため，国家的規模の社会的コスト（損失）が発生してしまった。

したがって，法規制がなければ製造物（製品）の値段を下げることができ，経済的競争力を持つことができることとなる。輸出品に対して十分な環境汚染防止対策が行われない場合は，エコダンピングを発生させ公正な貿易が期待できない。逆に強力に規制遵守を進めると，先進国と途上国の貧富の格差を拡大させることにもなる。なお，先進国であっても環境汚染防止に関する国際条約の取決めに参加しないこともある。「気候変動に関する国際連合枠組み条約京都議定書」においては，世界で最も温室効果ガスを排出している米国が経済的なデメリットを理由に脱退している。当時米国政府が発表した試算では，京都議定書に参加することにより，米国経済へ約4千億ドルのダメージを生じさせ，240〜500万人の失業者が新たに発生すると予測している。

2 環境中での新たな化学物質の出現と存在比の変化

自然には，物質循環の中に異質なものが進入すると浄化する機能があり，急激な変化を防止する安全システムを有している。しかし，限界を超えた時点で過去に例を見ない変化となる。人間も自然循環の中に存在しているため，局地的に異質な化学物質が現れると，直接大気または水から，または食物連鎖で濃縮され，農作物・魚介類・畜産物から人体へ摂取される。

人為的に作られた化学物質が地球大気の物質バランスを変化させ人類を危機的状態に陥れた事例として，CFC類（Chlorofluorocarbons：わが国では商品名のフロン類として知られている）によるオゾン層の破壊があげられる。CFC類は，米国の科学者ミジリー（Thomas Midgley）によって1928年に開発され，化学メーカーのデュポンと自動車メーカーのゼネラル・モーターズの合弁会社によって1931年から製造販売されている。フロン類は，生活に使用する場合非常に化学的に安定な化学物質で，安全な冷媒，洗浄剤，発泡剤として世界中に普及し，大量に大気中に放出された。[★7]

★7　オゾン層（高度約20～50km）は，約35億年前に発生した藻類の光合成で生成した酸素によって少しずつ形成され，約4から5億年前に成層圏（約10～50km）に形成された。宇宙から照射されてくる有害な紫外線（波長が短く，高エネルギーであるため，生体内にある遺伝子を変化，または破壊する。）を吸収する機能を持ち，生物が生存できる状態を作り出したものである。しかし，人類は，CFC類の環境放出によって，数十年程度で

P&T3-4　約5億年前から海に生息しているカブトガニ

両極にオゾンホールを形成させ，地球上の生物全体を危機に陥れている。フロン類の分子は，塩素とフッ素および炭素が結合しているが，地球上数十キロメートルの高度で強い紫外線で分解され，成層圏のオゾンを破壊する塩素を生成する。

　成層圏が形成された頃（オルドビス紀）海に誕生したカブトガニは，陸上にはあがらず，約5億年ほぼ同じ形で生息しているとされている。生きている化石と言われ，わが国では岡山県笠岡市（笠岡湾）生江浜が繁殖地とされ，瀬戸内海瀬および九州北部沿岸に生息している。文化財保護法によって国によって天然記念物として指定されているが，海洋汚染および干拓事業によって個体数が減少している。

　CFC類の全廃のために代替物質の検討が始まり，まず過度的物質としてすでに市場化されていたHCFC類（HydroChlorofluorocarbons）が使用され，その後にオゾン層破壊係数が0のHFC類（hydrofluorocarbons）が開発され，CFC類の多くがHFC類へ代替された。冷蔵庫やカーエアコン等に使用されている冷媒は，ほとんどが代替された[11]。これらCFC類の代替物質については，世界の大手CFCメーカーが集まり，新たな環境汚染・破壊を発生させないために毒性や環境影響について試験研究も実施された[12]。

　国際的な規制は，「オゾン層の保護のためのウィーン条約（Vienna Convention for the Protection of the Ozone Layer）」(1985年3月採択，1988年9月発効）で規制が行われ，CFC類等の削減スケジュール等については，「オゾン層破壊物質に関するモントリオール議定書（Montreal Protocol on Substances that Deplete the Ozone Layer）」（1987年9月採択，1989年1月発効）で取り決められた。オゾン層破壊は緊急を要していたため，規制と対策についての検討は政府と産業界が協

> **トピック3-2　カネミ油症損害賠償事件**
>
> 　本事件は，カネミ倉庫（本社・北九州市）の米ぬか油製造工場で製造されたライスオイルを食用として摂取した多数の人々が皮膚，内臓，神経等の疾病を伴う全身性疾患の被害を受けたもので，その原因は製造工程中で使用するカネクロール（鐘淵化学が販売したポリ塩化ビフェニル〔PCB〕を主成分とする熱媒体）がライスオイルに混入したことにより発生した。
> 　判決では，「合成化学物質の製造者としては，需要者の側で一定の使用条件を設定確保し適切な物品管理を行うことを期待し得る場合においては，かかる需要者に当該化学物質を供給することを妨げないものというべきである。ただ，その場合には，需要者に対して右物質の毒性を含む諸特性及びこれに応じた取扱方法を周知徹底させ，その使用が一定条件のもとにおいてのみ安全であることを警告すべき注意義務を負担するものといわなければならない」と述べており，原料メーカーからPCBについて特性の告知およびリスクの警告の提供を安全注意義務として，カネクロールの製造物責任も問うている。PCBを製造した鐘淵化学工業は，その後，同製品と保管中のPCB合わせて約5,500tを自社高砂事業所で焼却処理している。

力して行われており，国際的な法的枠組みと科学技術面での開発が連携して環境保護に取り組んだ初めての事例といえる。

　しかし，その後，HFC類は，地球温暖化効果が二酸化炭素の約数千倍から1万倍以上あることが判明し，「気候変動に関する国際連合枠組み条約　京都議定書」で削減対象物質[13]になった。環境保護のために開発された化学物質にもかかわらず，別の環境破壊の性質をもっていたため，環境対策の必要が生じてしまったこととなる。科学技術に関する環境アセスメントは，今後も議論を重ねていく必要がある。

　他方，局地的にまたは地球全体の環境に新たに出現した化学物質は，何らかの環境への影響を及ぼす。自然浄化作用で環境の機能に（短期間または長期間で）影響を与えなければよいが，自然の物質循環における平衡状態が崩れてしまうことになると，環境破壊を発生させてしまうこととなる。

3・3・2　検出技術の進歩

　汚染物質検知に関する科学的なレベルは日々向上しており，環境リスクの減少に大きく寄与している。高度成長期に甚大な被害を発生させた公害では，汚染物質について化学的な測定によって，mg／l程度の濃度レベルを検出するモ

ニタリングが行われ、一般にPPM（百万分の一）規制と呼ばれた。しかし、近年では、超微少なものを取り扱うナノテクノロジーが進展し、数オングストローム（Å：10^{-10}m）という分子、原子レベルの操作が技術的に可能となり、定量分析技術もナノ（10^{-9}）グラムやピコ（10^{-12}）グラムといった超微量分析が行えるようになった。1999年に公布になった「ダイオキシン類対策特別措置法施行規則」では、大気排出基準にナノグラム、水質排出基準にピコグラムが量単位として使用されている。したがって、これら化学物質測定技術の向上によって、これまで判明しなかった汚染物質も確認されることとなった。

PCBの食用油への混入により製造物責任が問われた「カネミ油症損害賠償事件」（福岡高判昭和61年5月15日判時1191号28頁）では、食用のライスオイルに混入したPCB（ポリクロロビフェニル）によって、摂取した者に皮膚病、頭痛、肝機能障害、手足のしびれ、および黒い赤ちゃんの確認など被害が発生した。被害者は、西日本を中心に全国で約1万4千人が被害を届け出、国による認定患者は福岡県、長崎県を中心に約1,900人に上っている。なお、汚染の原因物質とされたPCBは、肝臓障害、色素沈着、および胎児へも影響等有害性が高い化学物質である。

しかし、この事件が発生した1968年には、前述のナノおよびピコグラムといった精密な測定は不可能だったが、その後飛躍的に向上した分析技術によって超微量のダイオキシン類（ポリ塩化ジベンゾフラン／PCDF）が検出され、当該油症の主原因であることが確認された。この事実について、2001年12月に厚生労働大臣が参議院決算答弁の中で公式に認め、2004年9月に厚生労働省の所管の組織である「油症治療研究班」が、カネミ油症の国による認定患者の新認定基準として新たに血液中のダイオキシン濃度を検査項目に加え発表している。

今後、汚染物質の検出技術がさらに発展し、また検出機器の進展による簡易な測定も可能となると、環境リスクの曝露の面が正確に把握されるようになる。

3・3・3　環境中における化学物質の存在バランス変化の確認

科学技術の発展と人間活動の拡大は、人工的に作られた多くの化学物質を環境中に拡散した。その結果、環境汚染が生じ、時間的空間的に拡大した。汚染

P&T3-5　汚染の複数要因

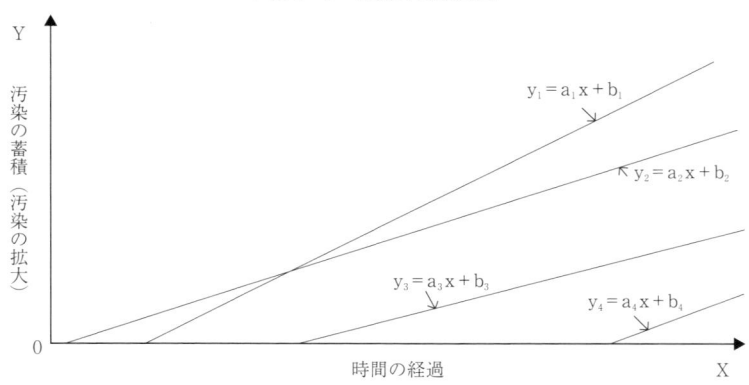

Y
汚染の蓄積（汚染の拡大）

$y_1 = a_1 x + b_1$
$y_2 = a_2 x + b_2$
$y_3 = a_3 x + b_3$
$y_4 = a_4 x + b_4$

時間の経過　X

y：汚染の蓄積　　x：時間の経過
係数　a：放出量の大きさ　　b：汚染発生の時間的なずれ／遅れは負の数値となる

P&T3-6　環境中における汚染の拡大

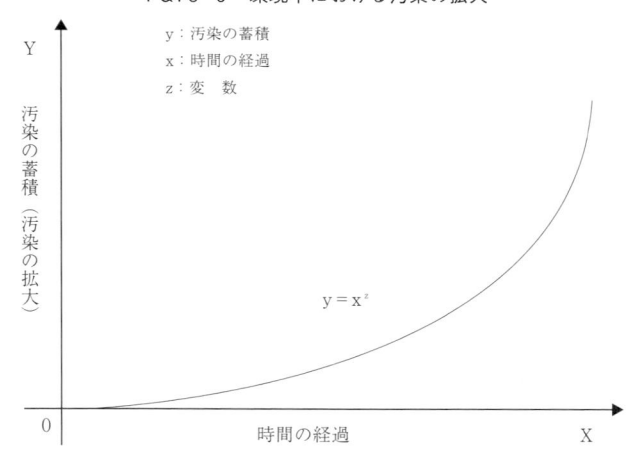

Y
汚染の蓄積（汚染の拡大）

y：汚染の蓄積
x：時間の経過
z：変　数

$y = x^z$

時間の経過　X

の種類を特定せず，汚染蓄積の事象だけを取り上げその大きさを見かけ上でとらえると，時間とともに指数的に増加している。

　汚染は，絶えず浄化されていれば蓄積されず，自然環境の物質バランスの中に含まれ，増加することはない。P&T3-5は，複数の特定の汚染が処理されないでそれぞれ増加していることを想定している。世の中に存在している化学物

質の性質は不明な部分が圧倒的に多いため，人類によって確認されていない環境汚染は多数存在していると考えられる。それらが法令等によって規制されずに放出されていると思われ，見えない（確認されていない）汚染を含めると，環境汚染は実際にはさらに深刻な状態になっているとも考えられる。化学物質の検出技術が向上していくと新たな汚染はさらに増加していくこととなる。前述のとおり，人為的に新規に作られる化学物質は急激に増加しており，環境への影響等のデータがほとんど整備されていないため，現在も新たな汚染要因が発生している可能性がある。

環境汚染は，汚染のスピードと発生時期の異なったものが複数存在しているのが現実であり，複数の汚染蓄積のグラフが混在した形で表現できる。発生時期が異なる4種類の汚染化学物質があると仮定し，とぎれることなく環境放出されるとP&T3-5のように示すことができる。そして，その合計は，見かけ上は，P&T3-6のように汚染の指数関数的蓄積となる。したがって，指数的に見える蓄積され悪化する環境汚染は，実際には複数の汚染原因の重なりとなっている。

新たな化学物質を使用する際に「化学物質の審査及び製造等の規制に関する法律」に基づき，事前に$y_i = a_i x + b_i$（i：汚染の数）の値，すなわち有害物質の蓄積性などを検討することは極めて重要である。この潜在的な汚染蓄積を予見し，その汚染を発生させる結果を回避することとなる。しかし，事前にすべての化学物質（少量，微量使用も含む）について明確にすることは，現在の科学技術ではかなり困難と言える。環境汚染の定性（汚染の有無）を確認すること自体困難であり，もし，汚染が確認されたとしても，定量値（汚染の大きさ）を示すには推定部分がかなり大きくなると予想される。

3・4　自然を忘れた科学

3・4・1　天然資源

1　自然資源の特徴

天然資源といわれているものにはさまざまなものがあり，資源があることで

国の経済的な豊かさの向上になることからその採掘，所有に関する権利が各地で争われている。世界中で工業製品があふれており，経済成長を目的として新たな製品が次々と開発されている。多くの鉱物資源は，さまざまな産業で供給源確保が難しくなってきており，独占的に供給している国は国際的に極めて有利な立場になっている。

　また，生物資源は，自然生態系の中で日常的に生成されており，化石エネルギー資源や鉱物などのように固定した場所から採掘・採取，精製，加工といった行程では生産できないため，その財産としての価値が曖昧になっている。綿花や絹など天然繊維は，植物や昆虫によって作られており，自然の条件や天敵などの出現でその生産の具合が大きく左右されている。農作物は，工業化され，工業製品のように均一化し，どの季節でも同じ品質のものが生産されるようになってきている。ただし，これら栽培の安定的な収穫のために多用される農薬や化学肥料，またはエネルギーは生態系の破壊，物質バランスの破壊，および食品への有害物質の混入といった環境問題を発生させている。漁業も漁猟から養殖（および栽培漁業）へと転換されつつある。人が食する養殖できない魚は，絶滅が問題となり，中には「かわいそう」との観点から環境問題としている人たちもいる。しかし，この考え方は，牛や豚，鶏のように養殖ができれば，かわいそうではなくなるか否かといった矛盾も秘めている。

　木材は，天然材または管理コストをかけて植林されたものを伐採し，さまざまな物またはエネルギーとして利用されている。森林は山地，平野，海も含めた広範囲な地域と物質循環を行っているので，森林の変化は大きな環境変化，生態系の破壊，災害へとつながっていく可能性がある。

　いずれの資源も経済的価値を得ることが最も重要な視点となっているため，枯渇・絶滅に向かっての一方通行の生産・採取を止めるには，法令の罰則等による強制的な力がなければ困難であるのが現実である。資源は減少すると却って値段が高くなるため，さらに採取が活発になることが予想される。化石燃料，海産物（まぐろ，カニなど食品）などはすでにこの傾向が始まっている。物質資源の枯渇，生物の絶滅は加速度を増してくることが予想される。

　また，エネルギーコストが安価なあいだは，世界中から鉱物資源や農作物・海産物が，至るところから運ばれてくるが，燃料資源が高騰し出すと国際的な

物流が滞ってしまう恐れもある。この状態に陥ると，不足した資源から順に連鎖的に高騰が始まり，経済的な混乱が始まる。資源の確保を踏まえての科学技術の開発は，すでに始まっているが，物質バランスが変化してしまう環境や生物多様性が喪失されていくことによる環境破壊を冷静に考える必要がある。環境保全面からは，エネルギー量（特に化石燃料消費による二酸化炭素排出）に注目し，フードマイレージ（食物の移動量），ウォーターマイレージ（水の移動量）などが啓発を目的として提案されているが，経済活動を変えるまでには全く至っていない。

　逆に，物質資源の価格を上昇させれば採掘可能な資源量を増加させることができるため，強国や投資家が意図的に資源価格を操作すると，目的物質の存在確率が低い鉱物が資源に姿を変えることができる。また，先進国がバイオ燃料のような再生可能な液体または気体燃料（アルコールやメタンガスなど）を，カーボンニュートラルなど環境保全を目的として農作物からの製造（発酵など）を推進しようとすると，安価な食糧の価格を上昇させることが可能になる。大量に農作物を扱う欧米の企業や米国などの食糧輸出国は利益を得ることができるが，貧困層または後発途上国の食糧を奪うことになり，食糧難を引き起こすことになる。副次的な影響としては，工業新興国の生活が豊かになり食肉（牛，豚などはトウモロコシなど安価な農作物を加工した飼料が餌となっている）の消費が急激に増加しているため，相乗的に飼料の調達が不足してくる。米国等の世界的な飼料メーカーは価格を向上させることとなり，利益を得る者と損害を被る者が明確に分かれ，国際的な貧富の格差は大きくなる。食糧自給率が低い国は，大きな経済的損失を生じる可能性があるだろう。

　ここで再確認しておくべきこととして，再生可能に生み出すエネルギーは，エネルギー政策上の目的であり，国家の安全保障に大きく関わっているということである。環境政策面からは，環境負荷が少ないという面の評価を広い視野で行わなければならない。1972年の「国連人間環境会議」以降国際的な環境問題解決に対する国際的なコンセンサスを得るには，先進国と途上国の経済格差を縮めないとならないことが確認されており，先進国には差異ある責任があるということも国際的な了解事項になっているはずである。この「差異」には，これまでの先進国が科学技術を自分勝手に利用しすぎたことに責任がある。今

後，工業新興国が同じことを行っていけば，地球の環境は維持できなくなるだろう。

2　環境保全の本質

しかし，経済成長することが当然になってしまった現在，人類の破滅へのシナリオが始まってきている。その結果，地下に埋蔵されていた多くの化学物質を地上に放出させる一方通行の物質の流れを強めている。地球に起こっているどんな物理的変化も生物への被害がなければ，環境問題にはならない。人類だけに特定すると，被害がある者以外は，あまり重要な問題とみなすことはない。環境保全のために国際条約を発効しても，被害があまりない国はフリーライダーとして，むしろ経済戦略を優先しているのが現実である。これは，「京都議定書」，「生物多様性条約」，「有害廃棄物の国境を越える移動及びその処分の規制に関するバーゼル条約」など重要な環境保全条約に批准（参加）していない米国などの動向に明確に現れている。

「京都議定書」では，先進国と途上国の「差異ある責任」に基づいて，中国，インド，ブラジルなど工業新興国は地球温暖化原因物質の自国による削減規制対象とはなっていないため，経済成長を目的としている各先進国の足並みは乱れている。一方，先進国と工業新興国以外の途上国（および後発途上国）の経済格差は拡大しており，国際的な不公平感はますます強くなっている。今後，先進国，途上国とされる対象国が変化していくことが予想されるため，環境保全をどのように確保していくのか極めて難しい情況になりつつある。

科学技術によって引き起こされた環境汚染・環境破壊が，技術によって改善することは非常に難しいことは，1972年にローマクラブが出版した「成長の限界」で「環境悪化の悪循環を断ち切るには技術的解決のみではできない。」とすでに見解を述べていることであるが，未だに理解はされてない。現在の環境を維持するには，科学技術が普及する前に，環境に対する影響を最大限に対処しておくシステムを一般化しなければならない。経済によって左右されている科学技術の開発の中で，長期的視点が必要な環境保護への配慮をどこまで導入できるかが，人類の存続の可能性そのものになっていくと考えられる。

他方，環境（および資源）は，人類共通の財産と認識されているが，存在している国の所有となっている。したがって，人は生まれた国でその貧富が決まっ

てしまい，根本的な不公平がある。この問題が国際的な環境問題の背景となっている以上，解決していくには常に先進国と途上国の問題が浮上してくることは当然である。生物多様性条約第15条第1項でも，「各国は，自国の天然資源に対して主権的権利を有するものと認められ，遺伝資源の取得の機会につき定める権限は，当該遺伝資源が存する国の政府に属し，その国の国内法令に従う。」となっており，権利のある国とない国での格差が広がることが予想される。

自然科学面および社会科学面で環境保全の本来の目的を再度確認する必要がある。

3・4・2 自然を踏まえた「もの」と「サービス」の価値

1 自然から離れていく人類

人の生活は，自然の中で人間が生存していることが忘れ去られ，自然は人のためだけに存在しているかのような勘違いを起こしている。天動説を信じていた時代とあまり変わっていないようにも感じられる。私たちの身の回りになる商品（ものとサービス）も自然に存在している物質の中から採掘したものから作られている。人は，生活する際に必ず環境に負荷（負担）を生じさせており，この環境負荷が自然によって浄化されるか否かが汚染発生有無の分かれ目となっている。しかし，これまでの経済発展はこの環境負荷の拡大が不可欠であり，「豊かさ」の定義は，「もの」と「サービス」の消費量，または使用できるお金の額で示されるようになっている。

経済は新しい「もの」を作るマーケットを探し続けており，便利という価値観がさまざまな新しい商品を世の中に生み出している。それらを作るために新たなエネルギー・資源が使われ，その商品自体もいずれすべて廃棄物になる。マーケットの拡大が資源を次々と廃棄物に変えている。この対処として，まず目に見える「もの」についてリユース（中古利用）やリサイクル（物質再生，熱利用）が複数の国で進められている。対して，エネルギー利用で発生する廃棄物のリサイクルはかなり遅れている。エネルギーは「サービス」のみを提供しており，廃棄物を目にすることがなかったことで関心が向けられなかったためである。現在，化石燃料の廃棄物である燃焼時に生成する二酸化炭素を植物・農作物（植物工場）の光合成用に利用したり，核燃料の廃棄物はプルサーマル（廃

棄物を一部利用）や高速増殖炉での利用など研究・開発が行われている。

　人工物の製造時に発生する排出物や廃棄物は，自然の循環の中に入り込めないと，自然環境の崩壊にも繋がっていく。原子力発電所の事故では，現在の環境ではほとんど存在しない放射能をもつ物質を広範囲にわたって，短時間のうちに地上，海中に放出してしまっている。急激に変化した環境は人に恐怖感を与え，ゆっくりと進む環境変化も，ある日突然，想像を絶した天変地異を発生させる。世界各地で起きる干ばつや洪水，高潮，特定の生物種の絶滅などはその前兆である。人は目の前の世界がいつまでも続くと思い込んでおり，少なくとも自分が生きている間は何も起こってほしくないと考えている。人為的に自然のバランスを崩さなくても，自然そのものも莫大なエネルギーをもっており，大きな災害を発生させることさえ，われわれは忘れている。自然循環から外れた商品は，現在では当たり前になってるが，自然の物質循環に近づけようとする減量化，リユースやリサイクルは，むしろ特別なものとなってしまっているのが現実である。野菜など生鮮食品の季節もしだいに忘れられている。

2　迷走する環境保護

　環境問題の解決を単純に考えてしまうと「自然……」というネーミングの商品がよいと思ってしまうが，これはかなり安易な見方である。そもそも商品はすべて自然から作られているものなので，すべてが自然由来である。自然の循環に背かないものを考えなくてはならない。

　例えば，自然エネルギーは広大な自然を破壊しないと設備の設置ができず，寿命が短いことから，設備製造のために莫大な資源が必要（および莫大な廃棄物を発生させる）なことはすでに述べたが，個別事例を取り上げると風力発電は羽の回転時に発生する音（障害）による健康被害やバードストライク（野鳥・渡り鳥の激突），および景観悪化が懸念されており，ソーラー発電は製造されるまでに膨大なエネルギーが必要であり，反応性が高い物質（有害物質）が使用されていることから廃棄物処理されるときに注意が必要である。[★8]

★8　自然に存在する莫大な再生可能エネルギーを，人類が効率よく利用できるようになれば，風景が変わっていくだろう。しかし自然に逆らわないように十分に時間をかけて進めていかないと，また別の環境破壊が発生しまう。再生可能エネルギーは将来のエネルギー

供給の安定化にとって最も期待されているものであるため，拙速な対応より十分議論しての慎重な進展が必要である。

P&T3-7の波崎にある風力発電施設は，2011年3月11日の東日本大震災時に発生した津波が襲ったが，風力発電施設は発電を続けることができた。再生可能エネルギーは，現在すぐに，化石燃料や原子力による巨大なエネルギーをそのまま代替することは不可能と思われるが，有効性を分析すると利用場所・方法の拡大が期待できる。

P&T3-7　海岸沿いに立ち並ぶ風力発電設備（茨城県波崎）

他方，生分解性プラスチックなど廃棄後微生物に食させて自然環境中に戻す商品も大量に放出した場合，特定の餌を与えられた特定の微生物の大繁殖が懸念される。ポリ乳酸プラスチックのようにトウモロコシなど農作物から作られたものは，世界レベルで食糧供給にダメージを与える可能性があり，米国等でバイオ燃料の需要が高まった際に開発途上国で食糧難のため暴動が発生している。また，有機農業は栽培時の環境負荷を少なくし食する人の安全性を高めるが，生産コストが大きくなるため値段が高額となり，購入する人が限られてしまう。このため，需要を求めて遠隔地（大都会）に運ばれ，フードマイレージ（食糧が移動し消費されるエネルギー）が拡大し，二酸化炭素放出や大気汚染を増加させている。

「自然」をイメージする商品が環境保護に貢献すると一方的に決めつけるのは，少し短絡的である。

3　真実の環境負荷

人工物の環境負荷は，原料の採掘から，製造，販売（リユース・リサイクル），処理（焼却等），処分（埋め立て後）のすべての段階の環境負荷を積み重ねなければならない。これをLCA（Life Cycle Assessment）という。私たちが使用しているものやサービスの価値は，これら負の影響が考えられていない。この負の影響が十分評価されない限り，真実の価値は見いだせない。現在のものとサー

ビスの値段は，環境コストを考慮されていないといえる。福島第一原子力発電所事故で生じた放射能汚染で原子力発電による電気の安価な値段が幻想だったことが判明し，巨額の社会的コストが発生している。代替エネルギーとして新たに増加されるエネルギーで同じことが繰り返されないことを願いたい。

　商品の環境評価の1つとして，BCSD（持続可能な開発のための産業界会議）が提案した「環境効率性」を多くの企業で参考にしており，この考え方等に関しては，第4章「社会的責任」で取り上げる。「京都議定書」遵守のために二酸化炭素の排出のみの環境負荷に関してLCAを算出する試みは数多くの企業で実施されており，省エネルギーの実績などをCSRレポートなどで示している。先進諸国の企業では，LCAの環境コストをLCC（Life Cycle Costing）として示すことも検討されており，環境会計の計算方法の発展にも大きく関わっていくと予想される。

　自然のシステムを考慮せず，自然の法則のみを人類に都合良く利用した時代は終わりつつあり，環境のバランスの維持を踏まえた持続可能性が少しずつ注目されてきている。

　すべての人工物・サービスは必ず何らかの環境汚染または破壊を発生させる。できるだけ環境負荷を少なくするために，まずもの・サービスの無駄を省き，使用すべき人工物・サービスの組み合わせを考え，さらにこれまで考えられてこなかった環境効率を向上していくことが期待されている。これには，溢れかえっているものとサービスの価値を再評価し，最もよい選択肢を選んでいかなければならない。安易にイメージだけで結論を出すことはやめ，十分に議論して将来の効率的な社会を考えていくことが必要である。

【注釈】

＊1）　BODとCOD　　富栄養化による水質悪化を調べるには，BOD（Biochemical Oxygen Demand：生物化学的酸素要求量），またはCOD（Chemical Oxygen Demand：化学的酸素要求量）という水質測定値を分析することによって行われる。BODは，河川の水質の富栄養化に関する度合いを表す指標で，好気性微生物が水中の有機物を酸化分解するのに要する酸素量を表し，CODは，海や湖沼の富栄養化の状況の測定の際に行われ，水中の有機物を酸化剤で酸化するときに消費する酸素量を表す。水中に溶け込んでいる酸素を溶存酸素量（dissolved oxygen：DO）といい，BOD値およびCOD値の酸素量の減少の測定に使われる。塩化ナトリウムが溶解している（イオン化している）水溶水ではバクテリ

アによる栄養素の分解が不可能なため，海水の富栄養化分析には化学的な酸素要求量が測定される。また，毒性物質が入っている水溶水は微生物は死滅する恐れがあるため，BODの測定は不可能となり，CODが測定される。

　BOD値が10ppm（mg／ℓ）以上になると，サンプル水の有機物質（栄養分）の濃度が高いことが予想され，水質が悪化し（富栄養化），悪臭や酸素の欠乏が発生する（青潮など）可能性がある。事業所から排出される水質汚濁防止法によって，排出後の拡散が考慮され，160ppm（mg／ℓ）（2012年4月現在）となっている。

＊2）　知る権利　　米国では，スーパーファンド法制定時の包括的環境対策・補償・責任法（Comprehensive Environment Response, Compensation and Liability Act of 1980：CERCLA）で，工場等からの有害物質の放出についての情報公開がすでに定められており，1986年のスーパーファンド改正再授権法（Superfund Amendments and Reauthorization Act of1986：SARA）のタイトルⅢでは，地域住民の知る権利が規定されている。SARAでは，工場等で使用している化学物質の種類，貯蔵量および性質（MSDS）について，周辺の一般公衆が知る権利が定められている。

＊3）　バーゼル条約　　有害廃棄物の国境を越える移動およびその処分の問題の解決のために国連環境計画（UNEP）およびOECDが中心となって1989年3月に「有害廃棄物の国境を越える移動及びその処分の規制に関するバーゼル条約（Basel Convention on the Control of Transboundary Movements of Hazardous Wastes and their Disposal：通称 バーゼル条約）」が採択され，1992年5月に発効している。日本はこの条約を批准するため，1992年に「特定有害廃棄物等の輸出入等の規制に関する法律」を制定し，「廃棄物の処理および清掃に関する法律」を改正した。

＊4）　電気事業法施行令第2条　　電気事業法施行令（電気の使用制限等）第2条では次が定められている。

　「法第27条の規定により使用電力量の限度又は使用最大電力の限度を定めてする一般電気事業者，特定電気事業者又は特定規模電気事業者の供給する電気の使用の制限は，五百キロワット以上の受電電力の容量をもつて一般電気事業者，特定電気事業者又は特定規模電気事業者の供給する電気を使用する者について行うものでなければならない。
2　法第二十七条の規定により用途を定めてする一般電気事業者，特定電気事業者又は特定規模電気事業者の供給する電気の使用の制限は，装飾用，広告用その他これらに類する用途について行うものでなければならない。
3　法第二十七条の規定により使用を停止すべき日時を定めてする一般電気事業者，特定電気事業者又は特定規模電気事業者の供給する電気の使用の制限は，一週につき二日を限度として行うものでなければならない。
4　法第二十七条の規定により受電電力の容量の限度を定めてする一般電気事業者，特定電気事業者又は特定規模電気事業者からの受電の制限は，三千キロワット以上の受電電力の容量をもつて一般電気事業者，特定電気事業者又は特定規模電気事業者から電気の供給を受けようとする者について行うものでなければならない。」

＊5）　電気事業者の種類　　電気事業法に基づく電気事業者の種類は，2012年4月現在，次の6種類に分類される。
①　一般電気事業者：一般（不特定多数）の需要に応じて電気を供給する者。北海道電力㈱，東北電力㈱，東京電力㈱，中部電力㈱，北陸電力㈱，関西電力㈱，中国電力㈱，四国電

力㈱，九州電力㈱，沖縄電力㈱の10電力会社が該当（一般への電気供給は，一般電気事業者以外が行うことはできないこととなっている）。
② 卸電気事業者；一般電気事業者に電気を供給する事業者で，200万kw超の設備を有する者。（電源開発㈱，日本原子力発電㈱，200万kw以下であるものの特例で認められている「みなし卸電気事業者」として公営，共同火力がある。）
③ 卸供給事業者；一般電気事業者に電気を供給する卸電気事業者以外の者で，一般電気事業者と10年以上にわたり1,000kw超の供給契約，もしくは，5年以上にわたり10万kw超の供給契約を交わしている者（独立発電事業者：IPP）。
④ 特定規模電気事業者：契約電力が50kW以上の需要家に対して，一般電気事業者が有する電線路を通じて電力供給を行う事業者（小売自由化部門への新規参入者：PPS）。
⑤ 特定電気事業者：限定された区域に対し，自らの発電設備や電線路を用いて，電力供給を行う事業者。
⑥特定供給：供給者・需要者間の関係で，需要家保護の必要性の低い密接な関係（生産工程，資本関係，人的関係）を有する者の間での電力供給（本社工場と子会社工場間での電力供給等）。
　　経済産業省資源エネルギー庁ホームページ「わが国の電気事業制度について」より抜粋　アドレス　http:/www.enecho.meti.go.jp/denkihp/genjo/genjo/index.html

＊6）　カーボンフットプリント　　カーボンフットプリントとは，商品やサービスについて，LCA（原料調達から，製造，流通，使用，廃棄のすべての過程の環境負荷評価）の視点で，二酸化炭素について総排出量を示す指標のことである。2007年5月に英国でポテトチップの包装に表示されたのが初めてとされている。この際のLCA分析に結果は，じゃがいもの栽培で44％，製造段階で30％，包装で15％，配送で9％，廃棄で2％と示されている。わが国では，経済産業省に2008年6月「カーボンフットプリント制度の実用化・普及推進研究会」が設置されている。検討内容は，二酸化炭素の排出量の算定方法，表示方法などとなっている。すでにサッポロビールが缶ビールにカーボンフットプリントを表示することを発表している。

＊7）　高性能電池　　注目されているものとして，NaS電池（sodium-sulfur battery：ナトリウム・イオウ電池）による電力の貯蔵がある。この電池は，比較的小型で大量の電力貯蔵が可能であるため，今後の実用化・普及が期待される。風力発電や太陽光発電など需要がない時間に発電された電力を貯蔵する際に利用することが検討されている。その他，再生可能エネルギー（鉄鋼生産の高炉等でも発生）等で製造した水素を，水素吸蔵合金に大量に貯蔵し，燃料電池（水素と酸素を反応させて，電気と熱，水を生成する）の燃料源とすることも検討されている。

＊8）　発ガン性物質　　ガンの発生過程の解明自体が研究段階のものが多い。ガン発生の有力な説では，DNAを変化（回復不能）させるイニシエーターとなる化学物質とそのDNAの合成を促進させ，遺伝子の発現を誘導するプロモーターとなる化学物質の存在が必要とされる。生体への摂取の順番は，イニシエーターの後にプロモーターが作用した場合にのみ影響があるとされている。詳しいメカニズムは，個々の化学物質などの研究が必要である。煙草のように極めて多くの化学物質を含むものには，イニシエーターとプロモーターの両方含んでいるものもある。

　なお，発がん性評価として次の基準が一般的に参考にされている。

①　EPA（U.S. Environment Protection Agency／米国環境保護庁）：IRIS Information
　A：十分な疫学的証拠を有する人への発癌性のある物質，B：人への発癌性の可能性が高い物質，B1：限られた疫学的証拠を有している物質，B2：動物実験では十分な証拠があるが，疫学的証拠は不十分な物質，C：動物実験による限られた証拠のみあり，人への発癌性の可能性もやや低い物質，D：人および動物実験に関する証拠が不十分のため，人への発癌性を判断できない物質
②　ACGIH（American Conference of Governmental Industrial Hygienists／米国産業衛生専門家会議）
　A1：人に対して発癌性のある物質，A2：人に対して発癌性が動物実験で疑われる物質，A3：動物に対して発癌性のある物質，A4：人に対して発癌性の証拠データが無い物質，A5：人に対して発癌性がないであろうと考えられる物質
③　日本産業衛生学会（許容濃度等の勧告）
　1：人間に対して発癌性のある物質，2：人間に対しておそらく発癌性があると考えられる物質，2A：証拠がより十分な物質，2B：証拠が比較的十分でない物質

＊9）　CAS　　CASとは，米国化学会のChemical Abstracts Serviceのことをいい，このサービスでは，化学文献等（応用化学，分析化学，生化学，高分子化学，化学工業分野などの政府刊行物，学位論文，単行本，特許など）に記述された化学物質に番号を付している。その番号は，CAS №またはCAS RN（CAS Registry Number）と呼ばれ，化学物質を特定する場合に国際的に用いられている。

　CAS registryには1957年から現在までの科学論文で確認された化学物質のほとんど全部を収録しており，CAS RNに登録されるものは，有機化合物，無機化合物，金属，合金，鉱物，配位化合物（錯体化合物），有機金属化合物，元素，同位体，核子，タンパク質と核酸，重合体（ポリマー），構造をもたない素材（構造不定物質［Nonstructucturable materials：UVCBs］）である。

＊10）　社会的費用　　社会的費用は，1950年にK.W.カップ（K.William.Kapp）によって主張された概念で，「第三者あるいは一般大衆が私的経済活動の結果こうむるあらゆる直接間接の損失を含むもの」で，社会的損失の中には，人間の健康の損傷，財産価値の破壊あるいは低下，自然の富の早期枯渇，または有形的ではない価値の損傷として現れるものがあるとしている。

＊11）　HCFC類　　HCFC類にもオゾン層を破壊する塩素が含まれているが，量は少なく，新たに塩素を含まない化学物質が開発されるまでの過渡的物質として使用された。ウィーン条約（1985年採択）に基づくオゾン層破壊物質に関するモントリオール議定書（1987年採択）においても，HCFC類は，1996年以降段階的な削減スケジュールが定められ，2020年に全廃となっている。

　HFC類は，水素とフッ素，および炭素からなる分子で，オゾン層を破壊する塩素が含まれていない。CFC類の代替物質として，世界各地で大量に生産・販売が行われた。

　冷蔵庫の冷媒に使用されたHFC-134aは，現在，イソプロピルアルコールなどアルコール系の溶媒に代替されたが，カーエアコンは，自動車エンジンに燃焼工程があるため，発火性があるアルコール系溶媒は使用できない。現在，新規冷媒の研究開発が行われている。ただし，CFCのように急激に代替が進むと，国際条約に猶予期間が許されている途上国などからの密輸問題も懸念される。

＊12）**HCFC類の安全性，環境評価**　HCFC類などCFC類代替品自体の安全性や環境影響について，大手フロンメーカーは，国際的組織を形成し評価試験を行った。安全性評価試験は，PAFT（Program for Alternative Fluorocarbon Toxicity），環境影響評価は，AFEAS（Alternative Fluorocarbon Environmantal Acceptability Study）と呼ばれる。参加企業は，米国からデュポン，アライド，欧州からアトケム，アクゾ，ローヌプーラン，ICIなど，日本からダイキン，旭硝子，昭和電工，セントラル硝子などがあった。

＊13）**HFC類**　CFC類，HCFC類およびHFC類は，地球温暖化物質である。気候変動に関する国際連合枠組み条約 京都議定書（Kyoto Protocol to United Nations Framework Convention on Climate Change）では，第2条第1項（ii），（vi），（vii）で，オゾン層破壊物質に関するモントリオール議定書（Montreal Protocol on Substances Deplete the Ozone Layer）によって規制されていない温室効果ガスの排出を対象にすることを定めている。すなわち，HFCは，京都議定書で排出を削減，抑制が規制されている。

　なお，二酸化炭素とHFC類との地球温暖化指数の比較データとして，HFC-23は，20年後に9,400倍，100年後に1万2,000倍，500年後に1万倍，HFC-134aは，20年後に3,200倍，100年後に1,100倍，500年後に330倍と示されている（IPCC編気象庁・環境省・経済産業省「IPCC地球温暖化 第三次レポート」（中央法規）40頁参照。）。

＊14）**ローマクラブ「成長の限界」**　ローマクラブは，世界各国の科学者，経済学者，教育者，経営者などで構成され（政府の公職にある人は含まれない），人類の未来の課題として，爆発的な人口増加，資源枯渇・環境問題，軍事技術の大規模な破壊力の脅威に対して人類として可能な回避の道を探索すること目的としており，1968年にローマで初回会合を開催した（正式には1970年3月にスイス法人として設立された民間組織：本部はイタリア）。『成長の限界』（1972年出版）は，ローマクラブがMIT（Massachusetts Institute of Technology：マサチューセッツ工科大学）に研究委託をした成果をまとめたものである。この研究の目的は，「われわれが住んでいるこの世界というシステムの限界と，これが人口と人間活動に対して課する制約について見通しを得ること」と「世界システムの長期的動向に影響を与える支配的な諸要因と，それらの間の相互作用を見出すこと」である。

第4章
社会的責任

4・1　ステークホルダー

4・1・1　リスクの確認

　これまでわれわれは，多くの場合，経験によって得られた知見によって，リスク回避を行ってきた。「ハザードが高い場所（キケンなところ），またはハザードがわからない場所には近づかない。ハザードの高いこと（キケンなこと），またはハザードがわからないことはしないようにする。」，「事故がよく発生する場所・操作（曝露，発生確率が高い）などは，注意する。」といった自分を守るためのごく自然な行為をすることによってリスクを低くしてきた。さらに，社会科学的にも地域・国によっても，地域特性・慣習がさまざまにあり，リスクに対する考え方・価値観が異なっている。生まれ育ったところと異なる地域で生活するだけでもこの慣習を理解しなければ障害が発生する。このため，リスク回避を実施する場合，その地域の特性・慣習も深く関わることになる。

　他方，科学技術が発展し，生活に高度な技術がさまざまに利用されるようになってきたため，ハザードの所在，大きさ，曝露（発生の確率）がわからないものが，身近なところに存在するようになった。1つの工業製品や設備を作るだけでも多数の専門的な技術が使われている。このようなものに存在するリスクを予見し，予防するのは，極めて困難である。目的とする性能を発揮する技術を完成するだけでも，多くの専門家が関わり，作り上げていかなければならない。これらをマネジメントするだけでも大変な苦労が必要であるが，このマネージャーが個々の技術の内容を詳細に理解することは不可能である。先端技術に関して一般に行われるリスク分析・対処は，経験的に得られた知識からハザードを想定して，曝露を低くするための対策を検討している。ここで疑問と

なることは，個々の技術の専門家がリスクに関してどの程度知見があり，どの程度関心を払っているかである。今まで事故がなかったからこれからも問題は発生しない，といった考え方にどの程度有意性があるのかはわからない。

　すでに，人工的に作られた有害性等性質がよくわからない化学物質が世の中に数千万物質放出されており，生物の生命に関わる遺伝子操作はめざましい発展を遂げ，分子・原子を操作するナノテクノロジー（またはそれ以上微小な世界）はこれまでにない材料を作り出し，コンピュータプログラムは通信技術とも連携し莫大なシステムを構成し生活の「もの」と「サービス」および「情報」のほとんどを管理し始めている。これらの技術のマイナス面である事故，健康被害，環境汚染，環境破壊などのリスク分析は，開発費と同様に重要であるが，リスク分析およびその対処にはコストが生じるため，その技術の経済的なメリットは失われる。技術の内容や規模によっては甚大な被害が発生する恐れがあるため，可能な限りの事前のリスク分析および対処は極めて重要である。ただし，生活費の高騰に関わる程の莫大なコストが必要なものに関しては，一般公衆のコンセンサスを得ることは極めて困難である。むしろ無駄遣いと主張する政治家等が現れることが懸念される。原子力発電所の津波対策は，事故が発生しなかった場合，一般公衆の理解を得て実施することは難しかっただろう。

　原子より小さい中性子を利用する原子力エネルギー生成技術は，一人の専門家で理解できる範囲は極めて限られており，数多くの科学技術の知見が含まれたものである。この技術のリスク分析には，莫大な量の科学者，技術者が携わることになり，政策，政治，法律，経済など社会科学面の検討も必要である。マネジメントする者が，俯瞰的に冷静に対処を判断しなければ，危機的な状態になると考えられる。個別の技術者の判断に委ねられると新たなリスクを発生させることになろう。まして，一般公衆に至っては，事前の正確なリスク情報の説明とリスク回避に関した正しい知識を伝える必要がある。安全性を説明しても単なる徒労であり，PA（Public Acceptance）とは思われない。原子力発電の場合は，行政機関から退職者を次々と独立行政法人等関連機関に再就職させるのではなく，行政が管理監督者として，全く客観的に評価しリスクチェックをする必要がある。

4・1・2　説明責任

　社会または生活に必要な高度な技術に関しては，一般公衆（当該高度な技術に知見がない者すべて）は行政または民間企業が行っているリスク対策を信頼するか，可能ならばその技術を使用しないようにするほか手段はない。これまで工業製品に関してもそれを使用した消費者に被害が発生する事件が数多く発生している。「第3章3・3環境汚染物質のコントロール」で説明した「カネミ油症損害賠償事件」判決では，汚染の対象となったPCBのメーカーに対し，物質のリスクを需用者（企業）に伝える注意義務も示している。[1)]

　わが国では，製造物による被害の賠償に関して民法の特別法として「製造物責任法」[★1]が1994年制定，1995年に施行されている。本法では，製造物の欠陥により人の生命，身体または財産に係る被害が生じた場合における製造業者等の損害賠償の責任が定められ，被害者の保護が図られている（第1条）。損害賠償の請求においては，無過失責任（加害者に故意，過失がなくても損害賠償責任が課せられる）が適用されるため，メーカーにとっては，厳しい規制である。しかし免責事由（第4条）として次が示されており，製造物を売買した際の科学技術レベルが欠陥を認識できなければ責任を免れることが定められている。これは非常に曖昧な規定であり，予防は考慮されていない。また，受注者は発注者の仕様書通りに行っていれば問題が生じても責任がないことも示されているが，発注者は受注者より優位な立場であり，実際にはリスク情報を受注者より収集し，リスク分析を行っている場合が多い。受注の条件でリスク情報を提出させ，その情報に基づいて設計されている。責任の所在が不明確である。

★1　製造物責任法 第4条（免責事由）
　「前条の場合（欠陥により他人の生命，身体又は財産を侵害したとき）において，製造業者等は，次の各号に掲げる事項を証明したときは，同条に規定する賠償の責めに任じない。
1　当該製造物をその製造業者等が引き渡した時における科学又は技術に関する知見によっては，当該製造物にその欠陥があることを認識することができなかったこと。
2　当該製造物が他の製造物の部品又は原材料として使用された場合において，その欠陥が専ら当該他の製造物の製造業者が行った設計に関する指示に従ったことにより生じ，かつ，その欠陥が生じたことにつき過失がないこと。」

現在の製造物責任におけるメーカーの対処は，製品から生じる恐れがあるリスクの説明が行われ，利用者が誤った使い方をしないようにすることや，万が一事故が発生した場合に対する応急措置等が示されている。

企業の説明責任（accountability）については，当初は，会計（accounting）に関する情報整備から始まったものであり，企業経営に直接利害関係を有する投資家・融資者向けのものだったが，説明すべき内容が「環境保護」，「社会貢献」の状況も含まれるようになった。説明内容が広がったことで，説明責任の対象者も拡大しつつある。しかし，わが国では経営者と労働者の関係を維持するために，重要な労働組合がない，または事実上の機能を果たさなくなった組織が増えており，経営者の労働者への説明責任（経営や労働環境等）は低下している可能性がある。

本来，企業の利害関係者（stakeholder：以下，ステークホルダーとする）は，従業員，地域住民（地域社会），投資家・融資者，消費者，行政およびNGOなどが含まれる。それぞれに必要としている情報とその評価が異なることから，説明すべき情報について多岐にわたった整理・解析が必要である。すなわち，真実のCSR（Corporate Social Responsibility：企業の社会的責任）は，これらすべてのステークホルダーを対象とした内容でなければならない。

CSRの状況は，多くの企業で冊子にまとめられ，アニュアルレポートとして公開している。ステークホルダーに対して，各社それぞれに幅広い情報の公開とわかりやすい表現，内容を検討している。ただし，CSRレポートは，環境負荷の状況，不祥事およびその対処状況等ネガティブ情報も説明する必要があるが，企業にとって都合がよいポジティブ情報ばかり記載するところも少なくない。わが国でCSRレポート（当初は環境レポート，サスティナブルレポート等とする企業が多かった）が普及し始めた2000年前後には，内容の問い合わせ等が記載されておらず，内容確認ができない場合が多かったが，その後CSRレポートについてのアンケートを求めるところも増え，企業のCSRレポート公開に対する姿勢が変化した。

1990年代，わが国では企業環境レポートはほとんど公開されていなかったが，欧米のみで公開している企業が少数だがあった。多国籍企業では，事業所がある国の社会的状況に準じて対応していた。わが国のCSRレポートが普及

していった理由は，欧米の影響を受けているところが大きく，業界等横並びで作られている場合が多い。しかし，内容を精査するとステークホルダーへよりわかりやすさを検討し，毎年改善を図っている企業もあり経営者のCSRレポートへの理解は大きな格差がある。ただし，企業間で情報の整理の仕方が少しずつ異なっており，比較可能にはなっていない。CSRレポート情報の信頼性に関しては，第三者（企業関係者ではない人）によって客観的なコメントが記載されているか否かが1つの評価視点となる。

なお，わが国では，2004年に制定された「環境情報の提供の促進等による特定事業者等の環境に配慮した事業活動の促進に関する法律」★2で，法律によって設立した機関等へ「環境レポート」作成を義務づけている。これにより，客観的に当該規制対象機関の環境対策が評価されることとなり，また大企業にも環境レポートの公表等の努力義務を求めているため，社会的な啓発効果が期待できるが，ステークホルダーである国民等へ示された情報をどのように評価し，具体的にどのように活用できるのか疑問である。また，「特定化学物質の環境への排出量の把握等及び管理の改善の促進に関する法律」など環境情報の公開を義務づけている法律との整合性も取られておらず，他の環境法との関係を再検討すべきである。

★2　「環境情報の提供の促進等による特定事業者等の環境に配慮した事業活動の促進に関する法律」(2004年6月公布，2005年4月施行)は，「事業活動に係る環境配慮等の状況に関する情報の提供及び利用等に関し，国等の責務を明らかにし，特定事業者による環境レポートの作成及び公表に関する措置等を講ずることにより，事業活動に係る環境の保全についての配慮が適切になされること」を目的としている（第1条）。
　特定事業者は，「特別の法律によって設立された法人であって，その事業の運営のために必要な経費に関する国の交付金又は補助金の交付の状況その他からみたその事業の国の事務又は事業との関連性の程度，協同組織であるかどうかその他のその組織の態様，その事業活動に伴う環境への負荷の程度，その事業活動の規模その他の事情を勘案して政令で定めるもの」（第1条第4項）と定められている。環境レポートの作成頻度については，「主務省令で定めるところにより，事業年度又は営業年度ごとに，環境レポートを作成し，これを公表しなければならない。」（第9条）と規定され，この公表をしなかったり，または虚偽の公表をした場合，特定事業者の役員は，20万円以下の過料の罰則が規定されている（第16条）。
　また，環境レポートを公表するときは，①自ら環境報告書が記載事項等に従って作成されているかどうかについての評価を行うこと，②他の者が行う環境報告書の審査を受ける

ことその他の措置を講ずることにより，環境報告書の信頼性を高めるように努めなければならない，と定められている（第9条第2項）。

その他の大企業者（中小企業者以外の事業者）にも，環境報告書の公表その他のその事業活動に係る環境配慮等の状況の公表を行うように努めるとともに，その公表を行うときは，情報の信頼性を高めるように努めることが求められている（第11条第1項）。

なお，この法律において使われている「環境情報」等の用語は次のように定義されている（第2条第1項～第3項）

①環境配慮等の状況：環境への負荷を低減することその他の環境の保全に関する活動および環境への負荷を生じさせ，または生じさせる原因となる活動の状況
②環境情報：事業活動に係る環境配慮等の状況に関する情報および製品その他の物または役務に係る環境への負荷の低減に関する情報（参考：事業者は，その事業活動に関し，環境情報の提供を行うように努めること，および製品等が環境への負荷の低減に資するものである旨その他のその製品等に係る環境への負荷の低減に関する情報の提供を行うように努めることが定められている［第4条および第12条］）
③環境に配慮した事業活動：環境への負荷を低減すること，良好な環境を創出することその他の環境の保全に関する活動が自主的に行われる事業活動

4・1・3　情報の整理（ポジティブ情報とネガティブ情報）

1　ガイドライン

企業がCSRレポートに記載すべき項目を確認する際に参考にしているものとして，GRI（Global Reporting Initiative）の「サステナビリティレポーティングガイドライン」や環境省の「環境報告ガイドライン」，「環境会計ガイドライン」がある。GRI[2]は，UNEP（United Nations Environment Programme：国際連合環境計画）や国際的な環境NGO，会計関連団体が集まって設立された国際機関で，この機関が発表するガイドラインは世界各国で参考にされている。

GRIのガイドラインの内容は，「環境」（原材料，エネルギー，水，生物多様性など），「経済」（顧客，供給業者，従業員，出資者などの側面），「社会」（労働慣行分野では労使関係［適正な雇用の維持］，安全衛生など，人権分野では差別対策，児童労働など，および社会分野では地域社会［地域貢献］，政治献金など）のトリプルボトムラインがベースになった項目の記載を推奨している[3]。ただし，行動規範，行動方針，パフォーマンスの基準，マネージメントシステムそのものを定めてはいない。また，ガイドラインの中では，「内部のデータ管理や報告システムを構築するための手引き，報告書の作成や報告書の監視，及び第三者検証実施の手

法を提供するものではない」ことをことわっている。またCSRレポートのステークホルダーは、「組織の外部の者（地域社会など）のほか、組織に投資する者（従業員，株主，サプライヤーなど）も含まれる。」と定義されている。

　すべてのステークホルダーを満足させる情報は莫大な情報量になり、読者の科学的な知見もまちまちであるため、1冊で報告をまとめるのは困難である。企業の中には、環境汚染の物理・化学的データなど自然科学的な内容に関しては別冊とするところもある。また、厚い冊子となると読みづらいため、概要版を作成しているところもあり、CSRレポートを介したステークホルダーとのコミュニケーションに工夫を凝らしている。

2　ポジティブ情報

　ポジティブ情報（positive information）とは、金融関係ではホワイト情報ともいわれ、融資の審査等で過去に個人的な信用を失ったことがないような人の情報のことを示す場合もある。企業に関しては社会貢献活動や環境保全活動などがあげられ、最も重要な社会的責任は、事業の目的である「製品（もの）」または「サービス」を確実に提供できることである。したがって、グリーンサイエンスは、顧客への環境商品（環境負荷を少なくした商品）の開発・提供といった経済面からのアクセスで検討されることになる。この開発は経営戦略の重要な視点となっており、環境戦略とも呼ばれている。環境商品としての位置づけをするには、環境効率（Eco-efficiency）の向上が不可欠である。環境効率については、本章4・3でその詳細を取り上げる。

　このほか、ポジティブな環境情報には、企業内部の対策（GRIガイドラインにおける「環境」面）として、次のものがあげられる。

① 産業廃棄物の減量化やリサイクルの推進、および廃棄物に関してマニフェストの実施および適正な処理・処分の実施。
② 生産工程等から発生する排出物の減量化。

①，②については、事業所に出入りする化学物質の量を示す方法（INPUT，OUTPUT）で記載されることが多い（放出物および移動〔下水道および廃棄物〕に関してはPRTR情報を示される場合もある）。

③ 環境管理・監査システム等の導入（具体的にはISO14001や森林認証、マリン認証の取得状況など）。

④　海外事業展開にあたっての環境配慮（途上国への支援〔共同実施，CDMの実施など〕の状況）。

　SRI（Socially Responsible Investment：社会的責任投資）では，企業の評価方法の1つとして，ポジティブ情報に基づいた「ポジティブスクリーニング（positive screening）」も行われている。CSRレポートにおける記載内容がこの評価の重要な情報源となっている。ただし，CSR活動が拡大すると，関連コストも膨らむため，資金に余裕がある大企業がポジティブスクリーニングで抽出される可能性が高くなる。エコファンドなどSRIのポートフォリオには，経営が安定している大企業が多くを連ねている。なお環境活動など専門的な知識が必要な評価では，金融機関にコンサルタントなどが加わっている場合が多い。

　環境問題をはじめCSRに関する検討には，高度化した科学的知見を要する必要が高まってきているため，SRIの信頼度を高めるには，CSRレポートの情報について，ある程度共通化（比較可能性の向上）を図っていくことが必要だろう。また，CSR成果の比較が可能になることにより，企業および一般公衆の環境対策への関心が高まることも期待できる。

　環境会計では，環境対策の視点を，従来のエンドオブパイプ（排出口）の対策から，ビギンオブパイプ（事前）の対策に代えて金額で定量評価する手法が実施されている。具体的には環境保護のための「汚染物質除去設備等導入したコスト」と「導入しなかったときに発生したと想定される環境汚染に対する修復費用および被害に対する損害賠償費用」を比較し，収支を示す試みが行われている。事前対策の方が事後対策より格段に安価にできることを環境保護を目的とした行政機関等で訴えているが，発生していない汚染（費用）に対しての試算に企業がどの程度モラールがもてるのか疑問である。

　福島第一原子力発電所事故では，安易な場所に冷却用等の二次電源をつくるなど，事前対策の欠陥が明らかとなっているが，事故後の莫大な被害に対する損害賠償および電力供給の修復コストは事前に産出することは困難だったといえよう。また，CSR評価での環境会計から導き出されたポジティブ情報にどのくらい合理性が認められるか不明である[4]。特に環境商品の開発コストとその商品が普及して環境保全に寄与することによる社会的コストの削減との関係についての試算は極めて難しい。グリーンサイエンスを普及させるには，汚染で

費やされた社会的コストの信頼性がある情報整備を行う必要があるだろう。

3　ネガティブ情報

　CSRに関するネガティブ情報（negative information）は，企業評価を悪くするもので，不祥事の発生等がある。環境汚染に関したネガティブ情報には，大気汚染事件，水質汚染事件，廃棄物の不法投棄など違法な処理・処分事件，土壌汚染事件などがあげられる。企業は，当初，ネガティブ情報の公開については消極的だった。しかし，米国で1980年代シリコンバレーの半導体工場から塩素系有機溶剤の漏洩汚染を発生させた企業が，刑罰等ネガティブ情報を社会へ公開し，その対処を進めたことによって却って社会的信用を得たという事例から，ネガティブ情報に対する対応が企業評価の重要な視点となった。わが国でもCSRレポートに最初にネガティブ情報を公開した企業には同業企業等からクレームがあったが，漸次ネガティブ情報とその対処の公開について理解が深まってきている。

　ポジティブ情報も企業評価の情報源としていたSRIは，企業にとって不利益な情報であるネガティブ情報を収集し，個々の企業を審査する「ネガティブスクリーニング（negative screening）」も行われている。SRIではまず最初にポートフォリオを作成する際に，このスクリーニングによって投資先が絞られている。具体的なネガティブ情報としては，環境（環境汚染の判明，廃棄物の不法投棄，事故，社内喫煙など），人権問題（アパルトヘイト等人種差別，男女差別など），武器・戦争関連（武器製造等戦争に関与するなど），労働問題（子ども，女性への過酷な労働，安易な解雇・レイオフなど），倫理問題（障害者対応など）などが取り上げられる。

　当初は，投資家が倫理面から社会的責任に反している企業に投資しない運動から始まったものであるが，CSRがない企業は持続可能性がないといった判断からエコファンドなど投資信託の作成へと広がっていった。[5]株などの投資が盛んな米国等では，CSRの信頼を失った企業はリスクが高い投資先として除外される場合が多い。英国，ドイツ，フランス等欧州諸国の政府は，2000年から年金基金に対して，投資の際，環境や人権等をどの程度重視しているか公表するように求め始め，軍事独裁国への投資や民族・性差別，公害を生み出すような事業には投資を行わないよう指導している。年金システムの維持にはSRIが重要な役割を果たしているといえる。すなわちCSRがない企業はSRIに

よる投資を失うことになる。わが国では，社員を重要なステークホルダーとは考えていない企業・その他法人が数多く存在しており，基本的姿勢の改善が必要である。

銀行等が行う融資の際も，ネガティブ情報は，融資先の信用度の評価に利用されている。特に土壌汚染対策法の施行後は，汚染した土地価格が急激に下落または浄化されたためにマイナスになる場合も生じ，土地の担保価値を再点検しなければならなくなっている。工場跡地で汚染が発覚した土地の浄化に数百億円も費やす場合もあり，土地売買にも大きな影響を与えている。米国では以前より放射性物質であるラドン（気体）が検出された土地価格が下落する現象が起きており，放射性物質の存在（リスクの存在）に関するネガティブ情報が，わが国をはじめさまざまな国で注目されていくだろう。

4・1・4　リスクコミュニケーション

CSRレポートは，企業等とステークホルダーとのコミュニケーションとして重要な手段となっている。しかし，企業の不祥事や環境汚染など社会的問題が発生することに対処するために，日本経済団体連合会（Japan Business Federation：JBF，略称 日本経団連）では，「企業行動憲章」を2004年に改定し，次の10原則を定めている。

① 社会的に有用な製品・サービスを安全性や個人情報・顧客情報の保護に十分配慮して開発，提供し，消費者・顧客の満足と信頼を獲得する。

② 公正，透明，自由な競争ならびに適正な取引を行う。また，政治，行政との健全かつ正常な関係を保つ。

③ 株主はもとより，広く社会とのコミュニケーションを行い，企業情報を積極的かつ公正に開示する。

④ 従業員の多様性，人格，個性を尊重するとともに，安全で働きやすい環境を確保し，ゆとりと豊かさを実現する。

⑤ 環境問題への取組みは人類共通の課題であり，企業の存在と活動に必須の要件であることを認識し，自主的，積極的に行動する。

⑥ 「良き企業市民」として，積極的に社会貢献活動を行う。

⑦ 市民社会の秩序や安全に脅威を与える反社会的勢力および団体とは断固

として対決する。
⑧ 国際的な事業活動においては，国際ルールや現地の法律の遵守はもとより，現地の文化や慣習を尊重し，その発展に貢献する経営を行う。
⑨ 経営トップは，本憲章の精神の実現が自らの役割であることを認識し，率先垂範の上，社内に徹底するとともに，グループ企業や取引先に周知させる。また，社内外の声を常時把握し，実効ある社内体制の整備を行うとともに，企業倫理の徹底を図る。
⑩ 本憲章に反するような事態が発生したときには，経営トップ自らが問題解決にあたる姿勢を内外に明らかにし，原因究明，再発防止に努める。また，社会への迅速かつ的確な情報の公開と説明責任を遂行し，権限と責任を明確にした上，自らを含めて厳正な処分を行う。

この原則では，ステークホルダーとの透明性をもったコミュニケーションに基づく信頼関係の確保を謳い，積極的な環境問題解決，社会貢献・企業倫理の徹底を図り，ネガティブな事象が発生してもその原因究明をし，再発防止に努め，ネガティブ情報の説明責任を遂行することを明確に定めている。この憲章が実行されれば，CSRのレベルは向上していくと考えられる。特に，SRIの規模が拡大していくと，企業の資金調達も円滑になることから相乗的に活性化していくと思われる。

しかし，リスクコミュニケーションのみに注目すると，技術開発に関してマイナス面をあまり考慮しないで科学技術が発展してきたことから，議論すべき情報がかなり不足しているといえる。リスクに関する情報が不十分なことで，開発事業等に関した一般公衆への説明責任を果たすことは困難な状況であるのが現状である。この状況は，政府が公共投資している事業でも同様であり，ステークホルダーに十分な理解を得るのは容易ではない。ダム，電車や高速道路，廃棄物処理場，病院，原子力発電所などの建設は，一般公衆にとって，災害防止，物流・移動，ゴミ処理，医療，電力供給等不可欠なインフラストラクチャーであるが，立地場所周辺遊民は，自然破壊，有害物質の放出，事故時の汚染，および平穏な生活をおくる上での精神的な負荷（よくわからないハザードへの不安）などリスクを懸念する。他の地域に比べ曝露（ハザードの発生の確率，被災の可能性）が高くなることは明らかであり，リスクは明らかに高くなる。当然

の懸念である。対して，インフラストラクチャーの利益を受ける大多数のもの（個人および企業）は立地推進を望んでおり，国家政策上この公共の利益が優先されている。これら施設で何らかの理由で大事故が発生し，自分の身にハザードが迫るようなことがなければ，世論はなかなかその社会的なネガティブな部分に注目はしない。

　原子力発電所は，電源確保という公共の利益を追求するために建設され，第2章で取り上げたように，電源三法によって，リスクが高くなることを受容した周辺住民へ公共の利益の還元として交付金が与えられている。このリスクの受容には，政府は，原子力発電所が「社会に必要であること」および「安全であること」を住民との対話で主張しているが，これはリスクコミュニケーションではない。安全とは，危害を受けることがないことを意味しており，この受容で示される安全は，説得のために作り上げられた作文にすぎない。本当のリスクを説明し，事故が発生した時の対処などを話し合わなければリスクコミュニケーションにはならない。リスク対処に関しては，住民と常に接している自治体や発電所の電力会社職員に任されており，政府が国民と原子力発電についてリスクコミュニケーションを行っていないこところにも問題がある。公共の福祉を司る義務がある政府は無責任といわざるを得ない。前述の日本経団連の「企業行動憲章」で定めている原則に違反していると考えられる。

　また，電源開発の対象となり交付金が配分されている自治体を激しく非難する者も多いが，そもそも経済的な視点を優先して物事を解決しようとした（経済的解決が最も妥当と考えた）ところに問題がある。経済的な視点を中心にして議論するのは間違いである。原子力発電所の事故による甚大な被害は，環境リスク，災害リスクなど不明確なリスクについて自然科学的な解明を「後回し」または，「全く実施しなかった」，あるいは「ふれさせようとはしなかった」ため発生したと考えられる。これまでの科学技術の開発，普及のあり方を再度考え直す必要がある。

　他方，環境影響評価（Environmental Impact Assessment：EIA）に関しては，正常に機能していれば次節で取り上げるべき内容であるが，わが国の環境影響評価システムについては，本節で取り上げる方が妥当と思われる。環境影響評価は，本来は開発事業の環境に与えるダメージを評価し，事業を行う妥当性を

検討するものである。1969年に米国で初めて制定されて以来，欧州など世界各地に法律が制定された。米国では，カリフォルニア州サンタバーバラで発生した油濁事故での対処が適正に行えなかったことから再発防止を目的として，国家環境政策法（National Environmental Policy Act：NEPA）が制定され，その中で環境影響評価について規定がある[6]。

わが国では，1972年に事業者が自ら環境評価とその対処を行う「各種公共事業に係る環境保全対策について」が閣議で了解され，公共事業に限り環境アセスメント制度が導入された。9年も経過して1981年に旧環境影響評価法案が国会に提出されたが，開発関連官庁や産業界等からの強い反発で1983年に廃案となっている[7]。その後16年も過ぎた1997年に環境影響評価法が制定され，1999年から同法が施行されている。しかし，本法では，政府が開発事業を決定した後は，事業者が主体となって，地元の意見を取り入れて環境に配慮した事業を進めていく手法であったため，事業者と住民がパラレルな関係で議論がすすめられたとは考えられない。本法の対象には，原子力発電所の立地はすべて含まれることが定められており，他の公共事業等と同様に事業者主体で環境影響評価法に従って進められている。

環境影響評価法によって環境リスクを検討する手順は，当該評価を実施する事業か否かを決定する「スクリーニング（screening）」が検討され，その後，環境調査項目選定と評価方法を定める「スコーピング（scoping）」が実施される。そして環境影響評価が実施され，この結果を踏まえ開発事業が行われていく。スクリーニングでは，大規模な事業である第一種事業はすべて評価が実施され，比較的小規模な事業である第二種事業は許認可を行う主務大臣が都道府県知事の意見を聞いた上で環境評価の必要性が判定されている。しかし，不幸にも開発事業実施後環境に大きな負荷がかかってしまった場合やスコーピングで選定されなかった環境項目が想定外（予測できなかった）の環境破壊を発生させてしまった場合などについては不明確である。現在の科学のレベルで，事前に環境影響を予想し評価できる部分は非常に限られていると思われる。環境リスクが大きいことが判明した場合または環境被害が発生した場合は，開発前，開発途中の事業の中止，または事業完成後の原状回復などを明確に定める必要がある。

4・2 リスクアセスメント

4・2・1 情報の分析

　化学物質を取り扱う事業所では，従来よりリスク分析を行い再発防止のためにリスク管理（再発防止）を推進している。ただし，わが国ではMSDS（第3章参照）の整備まで実施している事業所は限られている。MSDS情報を整備することによって，ハザードを確認することができる。微生物の場合は，病原性，感染性等でハザードが確認することができる。リスクを求めるには，曝露量（量，濃度，確率等）の発生源を確認し，それぞれ定量評価し，ハザードと乗ずることによってリスクを算出（または指標を求める）することができる。病原体の場合は，繁殖のスピード等その他条件が異なることによってリスクの大きさが変化する。慢性的な影響を示すハザードについては，曝露が時間とともに拡大するため，リスクを想定することが難しく事前対策には特に注意を要する。

　研究所，工場など事業所では，過去に環境汚染，爆発火災，作業員等の健康被害，傷害などが発生した事件については，リスク分析し，再発防止策（チェックリスト項目の作成など）が行われ，リスク低下を図っている。しかし，予防となるとハザードをすべて取り上げることは困難である。特に外部事象（事業所外からの影響［自然災害，テロなど人為的影響］）によるものは，その想定の範囲を定めることが難しい。一度事故を発生させると社会的評価が一瞬に失墜することもあり，事前評価は極めて重要である。福島第一原子力発電所の事故は，外部事象に関するリスク分析の難しさ，内部および外部機関（政府を含む）の事前対策の不足，想定していなかった緊急時のつたない対処が表面化したといえる。各々現場での対策は，十分練られていたと思われるが，上層部のマネジメントおよび政府の不明確な責任体制など社会科学的な面の失敗が事故の大きな原因と考えられる。したがって，マネジメントサイドのリスクアセスメントに対する意識を向上（または改善）しなければ，リスク低下は期待できない。

　P&T4-1に「新規に使用する化学物質の事前のリスク管理（リスク回避の方法）の例」を示す。「性状（MSDS）がわからないもの」は，実際には，最もリスク

第 4 章　社会的責任　145

P&T4-1　新規に使用する化学物質の事前のリスク管理（リスク回避の方法）の例

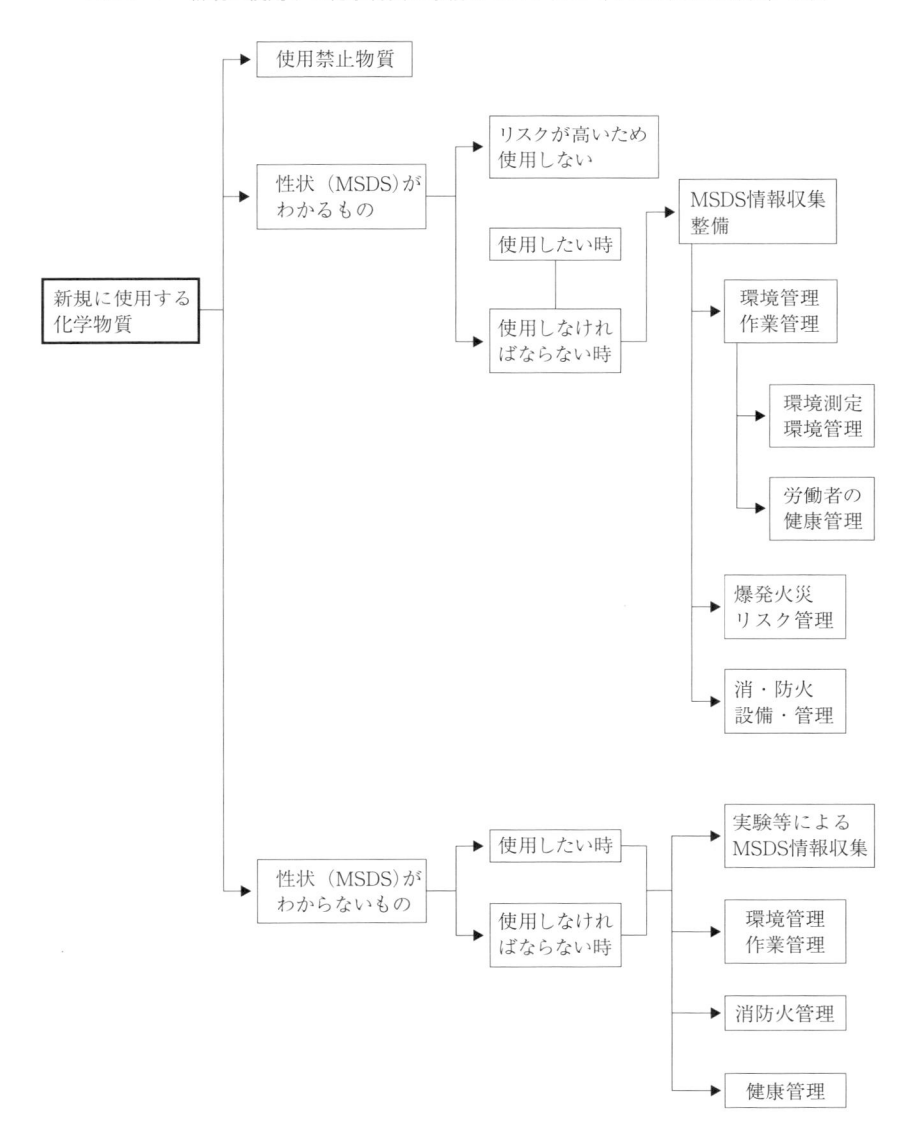

```
                                    ┌→ 使用禁止物質
                                    │
                                    │                    ┌→ リスクが高いため使用しない
                                    │                    │
                                    ├→ 性状（MSDS）が ──┤  ┌ 使用したい時 ┐
                                    │   わかるもの        │  │              ├→ MSDS情報収集整備
                                    │                    │  │ 使用しなけれ │
                                    │                    └→ └ ばならない時 ┘
                                    │                                     │
新規に使用する ─────────────────────┤                                     ├→ 環境管理・作業管理
化学物質                            │                                     │                      ├→ 環境測定・環境管理
                                    │                                     │                      └→ 労働者の健康管理
                                    │                                     ├→ 爆発火災リスク管理
                                    │                                     └→ 消・防火設備・管理
                                    │
                                    │                    ┌ 使用したい時 ┐  ├→ 実験等によるMSDS情報収集
                                    └→ 性状（MSDS）が ──┤              ├→┤→ 環境管理・作業管理
                                        わからないもの    │ 使用しなけれ │  ├→ 消防火管理
                                                          └ ばならない時 ┘  └→ 健康管理
```

が高い物質として取り扱う必要があり，理想的には完全にシールすることが望ましい。しかし，実際には，「過去に問題がない」，または「類似の化学物質の事故例」からの推定で対処している。次にリスクアセスメント結果を踏まえて，検討すべき基本的な項目を示す。

　① 　有害化学物質は可能な限り使用しない。
　② 　リスクが高い化学物質から低いものへの代替策を図る。
　③ 　有害化学物質であっても製造等に必要不可欠な物質は，適正に管理する。

　一方，わが国の法律では事業所内に貯蔵されている化学物質の種類と量は，それぞれの行政機関にそれぞれの目的を持って届出されているが，一般公衆へは公開されていない。いったん，事故が発生した際には，それぞれの行政機関の対応のみに頼ることとなる。

4・2・2　確率論的リスク評価

　環境問題は，被害が起こった後リスク分析が行われ「再発防止」が図られることがほとんどであるが，原子力発電所のように短時間で広域に及ぶ環境被害等が発生する事故については「予防」の必要性が高まっている。想定外の事故を検出することは非常に難しいことであるが，これまでも「遺伝子組換え技術（またはバイオテクノロジー）」や「ファインセラミックス」など先端技術について環境影響に関した事前評価が行われている。しかし，高度な科学技術のリスク分析に関しては専門家に委ねられ，一般公衆には理解しにくいといった問題がある。さらに，原子力発電所の被災で判明したように，科学技術そのものについて詳細に事前評価を行っても，生産活動等での作業員のミス（内部事象），想定外の自然災害（外部事象）でも事故が発生している。今後は技術のネガティブな面も明確に審査しなければ正確な技術評価とはならないと考えられる。ネガティブな項目としては，環境汚染・破壊，労働環境，自然災害などがあげられる。これは自然エネルギーの導入においても例外ではない

　米国では，1975年以来，原子力発電所の事前のリスク評価として「原子炉安全研究（Reactor Safety Study：RSS）」が実施されている。わが国でも政府および原子力関連機関が，確率論的安全評価（Probabilistic Safety Assessment：以下，PSAとする）を検討している。PSAとは，リスク分析を行ってその大きさで安

全性を表す方法で，故障の発生頻度，人的誤動作の確率が詳細に分析されている。このリスクの大きさは，ハザードと発生頻度の積による定量評価で表され，ハザードは，原子力関連施設で起きると想定できるすべての事故が対象となる。この定量評価が小さいことで安全性を示す手法で，算出の結果一定基準以下の数値が示されれば，対象としている事故に対して安全性が確保できると判断している。ただし内部事象を中心に検討されており，外部事象（自然災害等）の検討は少ない。

原子炉の炉心に重大な損傷が起きるような事故（冷却できないなど核反応のコントロールができないような現象）は，米国スリーマイル島（TMI）原子力発電所事故（1979年），旧ソ連チェルノブイリ原子力発電所爆発事故（1986年）[8]，日本福島第一原子力発電所事故（2011年）で発生している。このような（事故に対する想定していた）設計基準を大幅に上回る甚大な事故は，「シビアアクシデント（Severe Accident：SA）」という。

原子力発電所の安全設計（リスク上昇回避設計）の基本は，「原子炉を停止する」，「原子炉を冷却する」，「放射能を閉じ込める」の３つを重視しており，これらの機能に不測の事態が発生したときの対処，いわゆる「シビアアクシデント」の備えとして「アクシデントマネジメント（Accident Management：AM）」も欧米をはじめわが国で検討されている[9]。検討では，事故により緊急炉心冷却系（Emergency Core Cooling System：ECCS）が作動しなくなった際にも対処できるように，原子炉停止機能の強化，原子炉および格納容器への注水機能の強化，格納容器からの除熱機能の強化，電源供給機能の強化などが取り上げられている。また，環境リスクに関しても，核分裂生成物の放出・移動の挙動についても知見の蓄積を行っている。しかし，アクシデントマネジメントは，福島第一原子力発電所事故では十分に役立つことはなかった。この経験から日本ではなくEUでは，想定外の災害による事故再発防止策として原子力発電所のストレステスト（stress test）を実施し，リスクの確認を行っており，その後わが国でも導入され各原子力発電所で審査されている。

これらの事故検討および事例の経緯から「安全性」といった曖昧な概念をもって確認しても事故時等にはあまり役に立たず，「リスク」のハザードおよび確率の値をそのまま（ありのまま）表し，具体的な対処を示していく方が合理的

> **トピック4-1　ストレステスト**
>
> 　ストレス（stress）の意味には，物理的な「圧力」のほか，精神的重圧，緊張，などがあり，語源のdistressには，苦悩，経済的困窮などの意味がある。
> 　ストレステストは，機械的な性能，経済的な状況，生物的機能など複数の分野で実施されている。機械的なものには，厳しい条件のもとで負荷をかけて設備，部品の耐久性を調査したり，ソフトウェアの動作に大きい負荷をかけ安定にシステムが動作するか否か試験したりするものがある。経済的なものには，国家や金融機関が悪化した経営状態を想定し，GDPの状態など経済的な健全性を点検することが行われる。生物機能に関しては，農作物など降水量，気温，日照量など条件での状態が調査される。これら調査で得られた情報に基づいて，シミュレーションを行いリスクが分析されている。
> 　原子力発電所のシビアアクシデントに関しても，2011年3月の福島第一原子力発電所の事故（電源喪失後の全冷却機能不能）後，EU諸国でPSAで安全基準に適応した原子炉について想定以上の事態（地震，津波，テロなど）をシミュレーションし，耐久性がテストされている。IAEA（International Atomic Energy Agency：国際原子力機関）でも2011年6月に，EUが行った「ストレステスト」を世界各国の原子炉で実施することを提言している。

であると考えられる。したがって，PSAではなく，確率論的リスク評価（Probabilistic Risk Assessment：PRA）を表した方が妥当である。さらに，運転時のリスク分析だけではなく，燃料，設備その他関連機器すべてにおいてLCAを実施しなければ，総合的なリスク評価とはなり得ないだろう。

4・2・3　化学品の環境活動

　化学業界は，環境に存在する最も基礎的な単位である化学品を取り扱っているため，環境に密接に関係をもっている。化学物質レベル（分子，原子：ナノテクノロジーレベル）でグリーンサイエンスに配慮することは非常に重要である。すでに労働安全衛生から環境保護へと活動範囲を広げていったレスポンシブル（Responsible Care：RC）活動や生産活動での副産物（廃棄物）を削減等を図るグリーンケミストリー（Green Chemistry：GC）など積極的に取り組まれている。

1　レスポンシブルケア活動

　レスポンシブルケア活動は，1985年のカナダ化学品協会（Canadian Chemical Producers' Association：CCPA）の提唱以来，産業界が自主的に化学物質に関する安全衛生および環境保護を進めているものであり，1989年に米国化学品製

造者協会 (Chemical Manufacturers Association [USA]：CMA, 現American Chemistry Council：ACC [米国化学協議会]), オーストラリア化学品製造協会 (Australian Chemical Industry Association：ACIA) によって, 国際的なレスポンシブルケアの推進機関である「国際化学工業協会協議会 (International Council of Chemical Association：ICCA)」が設立されている。その後1992年の「国連環境と開発に関する会議」で採択された「アジェンダ21」の19章 (有害かつ危険な製品の不法な国際取引の防止を含む有害化学物質の環境上適正な管理) および30章 (産業界の役割の強化) に基づいて, 有害物質に関した企業内環境保全体制の強化も進められている。

わが国では, 1994年12月社団法人日本化学工業協会 (Japan Chemical Industry Association：JCIA。以下, 日化協とする) から「レスポンシブルケアの実施に関する基準：環境基本計画」が発表され, 1995年に日化協内に日本レスポンシブル・ケア協議会 (Japan Responsible Care Council：以下, JRCCとする) を設立した。2010年には, JRCCは, 日化協レスポンシブルケア委員会に組織変更されている。

レスポンシブルケア活動では, 企業, 業界が研究開発から製造, 消費, リサイクル, 最終処分について自主的に環境, 安全衛生等のリスクを低下させ, CSRレポート等を通して社会とのコミュニケーションを展開している。日化協レスポンシブルケア委員会では, 「レスポンシブル・ケアは経営トップの宣誓と, 目標の設定に基づいて行う自主管理活動であり, PDCAサイクルに沿って実施」を謳っており, 具体的な管理項目として, ①保安防災, ②労働安全衛生, ③物流安全, ④化学品・製品安全, ⑤コミュニケーションがあげられている。またわが国の大気汚染防止法18条の21で「事業者の責務」として「事業者は, その事業活動に伴う有害大気汚染物質の大気中への排出又は飛散の状況を把握するとともに, 当該排出又は飛散を抑制するために必要な措置を講ずるようにしなければならない。」と定められており, 優先的に排出抑制等が必要な化学物質[10]が政府によって選定されている。この対象物質は, レスポンスケアの重要な活動として取り組まれている。

2 グリーンケミストリー運動

化学産業が行っているグリーンケミストリー運動 (日本では, グリーンサスティ

ナブルケミストリー運動）では，化学物質および化学品の製造において，LCAを行い，汚染物質の排出，廃棄物を極力抑え，化学製品は，機能，効用を損なわずに低毒性とすることを目的としている。化学品の製造は，複数の化学反応によって製造され，中間体のみを取り出すと非常に有害なものがあったりする。反応性の高いものほど，人体へも反応しやすいことも多く，高い危険性・有害性を示す。また，存在条件によって気体であったり，液体，固体と姿を変える。蒸気圧，沸点，融点および他の化学物質との反応よる変化は，要注意である。

　化学工場では，長年，化学反応を駆使して廃棄物を極力抑えようとする研究が行われており，米国の化学会社のダウケミカル（The Dow Chemical Company：1999年に世界最大の化学会社になった）における成果はわが国の企業および政府の検討に大きな影響を与えている。ダウケミカルでは，廃棄物の発生をコストとして捉え，廃棄物削減対策は経営戦略上重要であるとして，世界中で実践し成功している。また，爆発火災等の安全管理に関してもわが国の旧労働省（現 厚生労働省）の検討に協力している。

　1995年に米国第42代大統領クリントン（William Jefferson "Bill" Clinton）が，"The Presidential Green Chemistry Challenge" を発表し，環境に配慮した化学技術の観点が注目されるようになり，グリーンケミストリー運動が国際的に取り組まれるようになった。欧州では，1997年に国際会議（The Green Chemistry：Challenging Perspective）が開かれ，1998年にはOECDによるサスティナブルケミストリープログラムが始められ，グリーンケミストリーが国際的に進められるようになっている。また，1991年からグリーンケミストリーの研究を続けていた米国環境保護局（U.S.Environmental Protection Agency：U.S.EPA）のポール・アナスタス（Paul Anastas）とジョン・ワーナー（John Warner）は，1998年に "Green Chemistry：Theory and Practice"（Oxford University Press, 1998年）を出版し，グリーンケミストリーにおける12項目の原則を示している。★3 次に示すグリーンケミストリーの12原則は，米国環境保護庁（U.S.Environmental Protection Agency：U.S.EPA）がホームページで示しているものである（http://www.epa.gov/sciencematters/june2011/principles.htm［2012年4月29日］）。

★3　グリーンケミストリーにおける12項目の原則：Twelve Principles of Green

Chemistry
1. Prevention（予防）　It's better to prevent waste than to treat or clean up waste afterwards.
2. Atom Economy（原子効率）　Design synthetic methods to maximize the incorporation of all materials used in the process into the final product.
3. Less Hazardous Chemical Syntheses（危険な化学合成の減少）　Design synthetic methods to use and generate substances that minimize toxicity to human health and the environment.
4. Designing Safer Chemicals（安全な化学物質を設計）　Design chemical products to affect their desired function while minimizing their toxicity.
5. Safer Solvents and Auxiliaries（安全な溶媒と助剤）　Minimize the use of auxiliary substances wherever possible make them innocuous when used.
6. Design for Energy Efficiency（エネルギー効率の設計）　Minimize the energy requirements of chemical processes and conduct synthetic methods at ambient temperature and pressure if possible.
7. Use of Renewable Feedstocks（再生可能な供給材料の利用）　Use renewable raw material or feedstock rather whenever practicable.
8. Reduce Derivatives（誘導体を削減）　Minimize or avoid unnecessary derivatization if possible, which requires additional reagents and generate waste.
9. Catalysis（触媒）　Catalytic reagents are superior to stoichiometric reagents.
10. Design for Degradation（減成設計：有機物質の分解の設計）　Design chemical products so they break down into innocuous products that do not persist in the environment.
11. Real-time Analysis for Pollution Prevention（汚染防止のためのリアルタイムの分析）　Develop analytical methodologies needed to allow for real-time, in-process monitoring and control prior to the formation of hazardous substances.
12. Inherently Safer Chemistry for Accident Prevention（事故防止のための本質的な安全な化学）　Choose substances and the form of a substance used in a chemical process to minimize the potential for chemical accidents, including releases, explosions, and fires.

　グリーンケミストリーにおける12項目の原則は，省エネルギー，ゼロ・エミッション活動（人為的活動により自然界へ排出される人工物をゼロにする活動）[11]，および原子効率の向上（目的物を効率的に生産するための指標）が図られている。原子効率とは，「目的生成物（分子量）／全生成物［目的生成物＋同時に発生した副生成物］（全原子量）」で示される。副生成物とは，生産時に不必要な物質として生成したものである。ただし，収率（実際の生産量が，理論値（量）にしめる割合）が，低くなるとその割合分，原子効率も低下する。
　また，高付加価値な化学品は，E-ファクターという指標が使われ「副生成

物／目的生成物」で表される。E-ファクターは，原子効率とは違い数値が大きくなると環境負荷が大きくなる。医薬品等の生産時に参考にされる。

グリーンケミストリーは，このあとの「4・3　環境責任」でとり上げる「環境効率の向上」，「資源生産性の向上」にも近い概念になっている。

4・2・4　ポジティブリスト

1　農薬の有効性と環境破壊

1940年代に始まったみどりの革命以後，作物の品種改良や化学肥料，農薬を利用し，機械化した農業が世界中に普及し，農作物が大量に生産できるようになった。その結果，途上国でも農作物の高い収穫が可能になった。しかし，農薬，化学肥料の毒性によって，世界各地で生態系の破壊が起こり，食物連鎖や農作物の有害物質の付着などによって人の食生活をも脅かしている。

しかし，有害性が高い農薬であるDDTは，マラリヤ（malaria）の原因病原菌であるマラリア原虫を媒介するハマダラカをはじめ，黄熱病，チフスなどの感染症媒介虫，および農作物への害虫の駆除に効果を示し，農産物の生産を急激に増加させたことも事実である。DDTが昆虫に神経毒性を示す可能性を発見（1939年）したスイスの化学者ポール・ミューラーは，1948年にノーベル生理学医学賞を受賞している。米国の共和党をはじめ国際的な農薬メーカーには，未だDDT等の禁止に反対しているところも少なくない。その後，シーア・コルボーン，ダイアン・ダマノスキ，ジョン・ピーターソン・マイヤーズが1996年に出版した「奪われし未来（Our stolen future）」では，環境放出された合成化学物質（endocrine disrupting chemical：内分泌攪乱物質，一般には環境ホルモンと呼ばれている）が生物にホルモン異常を生じさせていることも紹介されたが，その科学的根拠について当該化学物質を製造しているメーカー等と対立している。

2　農薬，化学肥料利用農業

耕地に単一の農作物を栽培することにより，害虫（または有害微生物）発生の確率を高めてしまい，農業経営および食料供給が不安定となる。この農業にとって有害な生物を消滅し（生産および経営）リスクを小さくするために，農薬は不可欠なものといえる。また，（標準化された形状等）質の良い農作物を育成する

ために化学肥料が土壌に大量に投入されている。これら化学物質は，農業の作業効率の向上にも高い効果を示す。特に農薬は，人への伝染病対策および害虫駆除としても重要な薬剤となっており，殺虫剤，殺鼠剤，消毒薬・殺菌剤などは同様な効果を期待して製造・開発されている。農薬等が開発される以前は十分な病害虫防除対策が行われず，世界各地で大きな被害がもたらされ，悲惨な飢餓も生じていた。[12]

アグリビジネスの面から見ると，安定した農産物の供給維持は食品メーカー（食品加工品，農産物の生産企業）にとっても極めて重要な問題であり，工業製品の生産企業と同様である。ただし，世界で小麦，トウモロコシ，米の60％から90％の国際取引をしている企業は6社に限られ（2001年），1990年代後半における農薬の世界の売上げの約80％が上位10社で占められている（ジュールス・プリティ『近代農法の真の代償（The Real Costs of Modern Farming）』Resurgence No.205 March／April 2001, 1頁より）。したがって，アグリビジネスの収益の多くは，国際的な企業十数社に限られることになり，これら企業の経営方針が世界各国の農業の将来に大きな影響を与えていると言える。さらに莫大な自然を利用しての生産品が商品であり，これまでの自然に存在しなかった農薬や肥料化学薬品の成分物質の環境中での存在量の増加は，生態系や環境を壊変する恐れが高い。

また，農薬はそもそも有害物質であるため，環境放出された時点で，環境リスクが発生する。環境中で最初は希釈されても，その後食物連鎖によって急激に濃縮されることもあり得る。または自然の物質循環の中に入り込んでしまうこともある。

他方，カルシウム，ナトリウム，カリウム，アンモニウムの硝酸塩は化学肥料の主要な成分となっており，農作物の成長に必要な窒素源となっている。しかし，自然界に今までにない量が土壌につぎこまれることにより，環境中の物質バランスが崩れ始めている。硝酸性窒素による土壌中の窒素過多は，作物の生育に障害を与えてしまう。また，地下水へも硝酸イオンが浸透し汚染が発生する。農作物の生産向上のために世界各地で大量に肥料が投入されたため，これら問題は世界共通の問題となってきている。

さらに，除草剤に含まれる成分にも残留性があるものがあり，自然の物質循

環の中に入り込んでしまう物質もある。それらが，牛など畜産業の餌に含まれると，その糞尿を利用している農業へも汚染が広がる恐れが懸念されている。

3 ポジティブリストによる対応

環境汚染防止は，有害性が判明したものについてモニタリングを行い，濃度や総量を規制するためのいわゆるネガティブリスト（規制するものについてリスト化）を作成する方法が一般的である。

農薬は，一般環境中に放出され自然および人間に与える影響が大きいことから，国際的な規制の必要性が高まり，自然界に残留性があり，難分解性，生体高濃縮性,(国際間で)長距離移動性があるものについて,2001年5月にスウェーデンのストックホルムで「残留性有機汚染物質に関するストックホルム条約（通称，POPs[Persistent Organic Pollutants：残留性有機汚染物質]条約）」が制定され，2004年5月に発効している。この条約で対象となっている物質は，アルドリン，クロルデン，ディルドリン，エンドリン，ヘプタクロル，ヘキサクロロベンゼン，マイレックス，トキサフェン，PCB (polychlorobiphenyl)，DDT，ダイオキシン類（ポリ塩化ジベンゾ-パラ-ジオキシン〔PCDD〕とポリ塩化ジベンゾフラン〔PCDF〕），ヘキサクロロベンゼンである。製造，使用が原則禁止となっているものは，アルドリン，クロルデン，ディルドリン，エンドリン，ヘプタクロル，ヘキサクロロベンゼン，マイレックス，トキサフェン，PCBで製造，使用が制限されているのは，DDT（マラリア対策用のみ対象外）である。非意図的生成物質の排出削減の対象となっているものは，ダイオキシン類，ヘキサクロロベンゼン，PCBである。[13]

一方，食品に残留するものについてはネガティブリストによる規制では，規制対象外の農薬等による飲食のリスクが依然存在したままとなってしまう。その対処として，2003年5月30日に公布された食品衛生法改正に伴う新たな規制として，食品に残留する農薬，飼料添加物および動物用医薬品のポジティブリスト（使用を認めるものについてリスト化）制度が導入され，2006年5月29日から施行されている。規制の対象となる食品は,加工食品を含むすべてである。食品衛生法第3条第3項には，「農薬（農薬取締法に規定する農薬）[14]，飼料の安全性の確保及び品質の改善に関する法律の規定に基づく農林水産省令で定める用途に供することを目的として飼料に添加，混和，浸潤その他の方法によって用

いられる物及び薬事法に規定する医薬品であつて動物のために使用されることが目的とされているものの成分である物質が，人の健康を損なうおそれのない量として厚生労働大臣が薬事・食品衛生審議会の意見を聴いて定める量を超えて残留する食品は，これを販売用にするために製造し，輸入し，加工し，使用し，調理し，保存し，又は販売してはならない。ただし，当該物質の当該食品に残留する量の限度について食品の成分に係る規格が定められている場合については，この限りでない。」と示され，基準が設定されていない農薬等が一定量を超えて残留する食品の販売等が原則禁止となった。これまでは，国内または輸入農作物に関して，残留基準が設定されていない無登録農薬が一定基準以上食品に残留していることが判明しても規制できなったが，ポジティブリスト制度によって法による規制の対象にできるようになった。当該規制以前の規制対象農薬等は283品目で，それ以外は規制対象となっていなかったが，799品目（法制定時）がポジティブリストに記載されたことでそれ以外も規制できるようになった。したがって，これまで農薬等による環境汚染または環境破壊のリスクが不明だったところについて，効果的に対処できるようになったと考えられる。

　ただし，食品衛生法は，「食品の安全性の確保のために公衆衛生の見地から必要な規制その他の措置を講ずることにより，飲食に起因する衛生上の危害の発生を防止し，もつて国民の健康の保護を図ること」（第1条）を目的としているため，ポジティブリスト制度は，一般公衆の飲食におけるリスクを軽減するためのものであって生物多様性保全を図っているものではない。食品に農薬等が一定基準以上残留していなければ，使用されている農薬等を規制することはできない。例えば，微生物農薬（天敵による害虫駆除など）は散布されたものによって自然が改変される可能性がある。遺伝子組換え体による微生物農薬の場合，特に影響のスピードが高まる恐れも懸念される。また国内は，農薬取締法によって登録された農薬の使用に限られるが，生物多様性は国際間，地球規模に関わるものも多いため，一国だけで使用制限を行っても保護は難しい。世界各国で使用されている各農薬とその散布量とその地域および貯蔵量の情報を整備することが望まれる。農薬の使用量減少を誘導するためではなく，まず生態系破壊のリスクを把握する必要がある。熱帯地方においては生物多様性が大きいため

農薬使用の機会も大きい。さらに途上国が多いことから，人口増加によって食料の増産が必要となっている国も多い。さらに地球温暖化の影響により，農薬や殺虫剤の需要も増加してくることが予想される。POPs条約の締結においてもかなりの困難を要したことから，さらに詳細な部分まで踏み込んだコンセンサスを得ることは現状ではほとんど不可能であるが，少しずつでも規制の枠を広げるべきであろう。

生物多様性のリスクを科学的に知るには，正確なMSDSに基づき，PRTR (Pollutant Release and Transfer Register) のような情報も含めた総合的解析がなされることが最も合理的である。これら情報に基づいて，環境リスク面を考慮したポジティブリストが作成されることが期待される。

しかし，原子力発電所の事故や先端技術，複雑な技術の場合，ハザードが想定できないだけで，リスクが不明であるにもかかわらずポジティブリストに載ってしまうことがある。事故が起きると急にネガティブリストに載ることになり，廃止等へと議論が進むことになる。政策方針へ誘導するためにポジティブリスストを作成してしまうことはあってはならない。

4・3 環境責任

4・3・1 コンセプト

グリーンサイエンスを普及して行くには，エネルギー政策，資源政策と環境政策間で，リスクコミュニケーションを推進すべきである。また，科学の進展に関して，政府，企業，および一般公衆（知る権利に基づく知る義務に基づき）は，それぞれの環境責任を果たしていくべきである。環境への影響がますます大きくなっていく自然科学の進展は，特定分野の自然科学だけの問題ではなく，社会科学面，および複数の自然科学分野の知見の分析が必要である。政府は，当面の経済成長を中心に科学技術の発展を進めていくのではなく，次世代にわたる長い視点で見た政策を進めるべきである。しかし，当面の経済成長がマイナスになる場合，不利益が生じた者への支援策なども必要となる。ただし，公共性が高い施設の立地で環境リスクが高くなった地域への利益の還元を行うこと

とは異なる。この場合，事前に，周辺住民へのリスクに関する情報の提供と理解，事故や汚染が発生した場合の公共の利益を得る者への損害賠償方法および周辺住民への利益の還元についての了解が必要である。政府がこの調整を積極的に行うことによって，周辺住民，一般電気事業者はリスクに対してより前向きに取り組めるだろう。なお，このPAは，環境影響評価法に基づく開発事業の手順における縦覧とは異なる。

例えば，原子力発電所のように国の経済に大きく影響するエネルギー源であり，事故が発生すると国家的規模の災害を引き起こす可能性がある施設は，政府がイニシアティブをとって国民で運転の可否を純粋に議論しなければならない。立場の違いで意見が異なることは容易に予想されるが，過激な言動や行動，有利な権利を利用しての強引な誘導，または，イメージや安易な経済的な誘導は，いずれ破綻する。特にマスメディアは，正確なリスク情報を伝達しなければ，歪んだ理解のもとでの不毛な議論が繰り広げられることになる。政策的に進めている科学技術政策に関しては，政府の環境問題に関する責任を明確化していく必要がある。わが国は，2011年3月の福島第一原子力発電所事故発生時の段階で原子力発電所の発電設備容量は，4,884.7万kw（計画中：1,930.8kW）あり，これらが電力供給されることが前提で経済活動が実施されている。これら原子力発電所をすべて停止し，現在の電気によるサービスすべてを維持する代替エネルギーは化石燃料だろう。シェールガス，メタンハイドレート，オイルサンド，オイルシェールなど供給確保が期待されているが，ゆっくりと気候を「不可逆的に：元に戻らない」変動する化石燃料の燃焼（およびメタン〔温室効果係数20〕の漏れ）による地球温暖化防止は，後回しにされている。安易に将来のエネルギーを決めるべきではない。原子力発電所による事故も気候変動も莫大なハザード（定量評価は困難）があり，リスク回避に対して問題にすべきは，時間経過因子を含めた曝露（または確率）を検討すべきである。

電力事業等公益性が大きく，政府の直接指導が強いエネルギー供給事業で，事故等で莫大な損害賠償が発生した場合，エネルギー政策や環境政策そのものに欠陥があったといえる。いわゆる政府の管理監督者責任が不十分ということとなる。科学技術レベルを考慮し，社会科学的な分析に基づいた慎重な対応が望まれる。

他方，環境問題に関しては，レンダーライアビリティ（lender liability：貸し手責任）が問題となることも多い。米国では環境責任の損害賠償の際にディープポケット（十分な視力があるもの）として金融機関の責任が問われることも多い。国の直接指導（法律の規制やガイドライン）のもとで行った事業でなければ，加害者と被害者に分かれ裁判で争い，審理の結果得た判決で環境責任の有無が定められる。ただし，1950～1970年代の公害問題でも政府は敗訴となった加害者である大企業の抗弁を支持していることが多く，その判断の過程も不明確である。

　1981年に発生した敦賀原発風評事件（名古屋高裁金沢支部平成元年5月17日判決，判時1322号99頁，判タ705号108頁）では，原子力発電所から作業員が誤って放射性物質を含む廃液（1立方メートルの汚染水で数10mキューリー〔3億7千万ベクレル以上〕の放射能を有する）を敦賀湾に漏出させた事件がある。当時の科学技術庁（現文部科学省）が行った，ホンダワラ，ムラサキイガイ，ナマコ，サザエ等の調査では人体に影響なしとの結果が報告されたが，漁業への風評被害が大きく，この地域の漁業関係者に補償金が支払われている。当時も放射性物質の環境中での挙動に関する知見不足（または公開情報の不足など）から，科学技術によって検証されたリスクに関する一般公衆の信頼は低かったと考えられる。多くの人々は，これまでの公害事件などから，科学技術が環境影響（有害物質の環境中での挙動など）を余り考慮せずに発展してきたことを感じている。

　科学技術は人類を幸せにするものであるが，環境責任を考えていないものは不幸を招く恐れがある。ネガティブリストによる規制のように，高リスクが証明されたものの代わりに，リスクを検討しないまま他の方法を採用することは，またリスクを高めることにもなりかねない。人類は，環境リスクを配慮した開発を行うグリーンサイエンスへ移行する時期にきていると考えられる。

4・3・2　環境保険

　これまで事故等の環境汚染で，甚大な被害を発生したものには，農薬工場の事故（インド・ボパール，イタリア・セベソなど），原子力発電所事故（米国・TMI，旧ソ連・チェルノブイリ，日本・福島），および欧州の複数の国々に汚染被害が発生した，ライン川や北海などで発生した化学工場の事故や汚染物質の不法投棄

がある。

　欧州の事故では，汚染被害に対する賠償に関して検討の必要性が高まり，環境保険が作られている。この保険は，一般の賠償保険を補完する役割で，特別に環境汚染賠償責任保険（Environmental Impairment Liability Insurance：EIL）として作られた。フランス（ASSURPOL），イタリア（Pool Inquinamento），オランダ（MAS）では，再保険プール方式で行われている。ドイツでは，大気汚染，土壌汚染に関しては一般賠償責任保険で対応し，水質に関しては水質汚染責任保険が対応することとなっている。

　また，海洋での油濁事故などの被害補償には，「油による汚染損害の補償のための国際基金の設立に関する国際条約（1971年）」が定められている。損害賠償については，「油汚染損害の民事責任に関する条約」に基づく制限のもとで，「船舶所有者から十分な損害賠償責任を受けられない油濁事故の被害者に対して一定の額までの補償を行うと伴に，船舶所有者に対してその負担を制限するための補填を行うため」に国際基金が設立（1978年）されている。この国際油濁補償基金が補償する損害等の範囲は，一般基準として，「①実際に発生した費用（適切な範囲），損失，②油の汚染と損害・費用との間に相当因果関係があること，③金銭的に計算できる損失，④証拠により証明できるもの」となっており，防除等の措置は効果的なものに限るとなっている。その他内容は，「i. 国際基金条約によって定められている補償限度額は，135M SDRであること[15]，ii. 損害額が補償限度額を超過した場合は，各請求者は平等に按分配当すること」が定められている。

　わが国にも環境保険は存在するが，保険に入っていることで環境リスクがあることを証明してしまうため，加入者は公開されていない[16]。想定される被害者の「知る権利」は，配慮されていない。また，事前対処が不可能であるため，被害の拡大の懸念もある。

　他方，原子力発電所の事故等による損害賠償は，「原子力損害の賠償に関する法律」（2012年4月現在）の第3条で，「原子炉の運転等の際，当該原子炉の運転等により原子力損害を与えたときは，当該原子炉の運転等に係る原子力事業者がその損害を賠償する責めに任ずる。ただし，その損害が異常に巨大な天災地変又は社会的動乱によつて生じたものであるときは，この限りでない。」

と定めている。この規制の対象は，原子力事業者（一般電気事業者及び卸電気事業者［原子力発電のみを行う専門事業者を含む］）と定められている。

　賠償内容については，第6条・第7条で「……原子力損害賠償責任保険契約及び原子力損害賠償補償契約の締結若しくは供託であつて，その措置により，一工場若しくは一事業所当たり若しくは一原子力船当たり千二百億円を原子力損害の賠償に充てることができるもの……」となっており，事故時の賠償に関して1200億円の保険がかけられていることとなる。国による措置は第3条および第16条に基づき「政府は，原子力損害が生じた場合において，損害を賠償する責めに任ずべき額が賠償措置額をこえ，かつ，この法律の目的を達成するため必要があると認めるときは，原子力事業者に対し，原子力事業者が損害を賠償するために必要な援助を行なうものとする」と定めており，原子力利用が，政府のエネルギー政策上非常に重要視されていることがわかる。

4・3・3　汚染者の責任

　技術開発，経済成長によって人工的な物質の流れが急激に増加し，人類が必要とする資源が，極めて豊富に供給されるようになった。その結果，ものとサービスが生活に溢れかえるようになり，莫大に資源が消費されるようになり，固体廃棄物（廃棄物処理場［最終処分場］または［陸上または海洋へ］不法投棄されるもの），液体廃棄物（河川，湖沼，海洋への排水），気体廃棄物（SOx，NOxなど酸性気体，二酸化炭素など地球温暖化原因物質，フロン類などオゾン層破壊物質など）が大量に地球上に蓄積されている。資源は，商品（ものとサービス）として消費された後さまざまな化学反応をへて膨大な種類の廃棄物になる。化石エネルギーは一瞬に商品から廃棄物に変化している。自然には，その廃棄物を科学的に分解する能力である自然浄化作用が備わっているが，人類によって生成される廃棄物はその量を遙かに上回っている。

　人類が消費しているものとサービスを減少させずに，資源の消費量を減少させ，廃棄物の量を減少させるには，消費の際に環境効率を増加させることが必要である。環境効率とは，持続可能な開発のための産業界会議（Business Council for Sustainable Development：以下，BCSDとする）が提案したもので，「環境と経済の両面で効率的であることを意味する造語である。着実に省資源化・

廃棄物の排出削減・汚染防止を推進しながら、従来以上に製品の付加価値を高めていこうとする一連のプロセスを示すもので、これには、環境管理・監査、クリーンな技術の採用、ライフサイクルアセスメントなどが含まれる。」と定められている。

BCSDは、1992年6月にブラジル・リオデジャネイロで開催された「国連環境と開発に関する会議 (United Nations Conference on Environment and Development：UNCED)」の事務局長モーリス・ストロング氏から産業界への要請に基づいて1990年に設立した組織で、「持続可能な開発のための経済人会議宣言」を発表している。この宣言では、「開かれた競争市場は、国内的にも国際的にも、技術革新と効率向上を促し、すべての人々に生活条件を向上させる機会を与える。そのような市場は正しいシグナルを示すものでなければならない。すなわち、製品及びサービスの生産、使用、リサイクル、廃棄に伴う環境費用が把握され、それが価格に反映されるような市場である。これがすべての基本となる。これは、市場の歪みを是正して革新と継続的改善を促すように策定された経済的手段、行動の方向を定める直接規制、そして民間の自主規制の三者を組み合わせることによって、最もよく実現できる。」と述べられている。これは、1972年にOECDの環境委員会が定めた「汚染者負担の原則」(Polluter Pays Principle：以下、PPPとする)で示されている「環境汚染・環境破壊を防止する費用、修復費用は、原因者がこれを支払うべきである。」との考え方をさらに発展的に進めたものといえる。

PPPは、商品の生産時に生じる汚染物質を含んだ排出物を除去する費用を商品の価格に含めるべきであることを規定しているもので、環境汚染防止をしない商品が不当に安価になることを防いでいる。これにより、先進国を中心に環境媒体毎の直接的規制が定められ、環境汚染防止設備の設置や環境中の汚染物質のモニタリングなどが行われるようになった。企業にとっては、環境コストが大きな負担となるため、世界各地でフリーライダーの問題は後を絶たない。そもそもPPP制定は、米国が日本の輸出品に対して公害防止費用を費やさないで不当に安価な商品を輸出し、貿易の不均衡が発生していることを避難したことがきっかけである。しかし、国レベルでも環境汚染に対しての取組みには隔たりがあり、国家的な経済政策の中では、むしろ経済面の損益面が主張され

る場合もある。PPPがOECDで採択された1972年には、わが国では水質汚濁防止法（1968年制定），大気汚染防止法（1970年制定）が制定されており，米国が主張した公害防止費用に対するフリーライダーだったとはいえない。PPPの考え方が世界に普及したにもかかわらず，現在，環境汚染または破壊の種類は，地球温暖化による気候変動，フロン類等の放出によるオゾン層の破壊，海洋汚染，越境汚染，生物多様性の喪失，および放射能汚染など次第に拡大しており，世界全体としては環境悪化は進んでいる。このような状況の中，先進諸国の多くが，地理的背景などを考慮してそれぞれに国内の環境関連法令の整備を実施しており，多国籍企業ではそれぞれの国の規制内容を注意している。環境戦略をもつ多国籍企業では，複数の国で行っている原料採掘，移動，生産，組立て，販売（移動），リユース，リサイクル，廃棄物処分について環境保護を考慮したLCC（Life Cycle Costing）を検討し，経営戦略の一環として比較的長期間を見据えた計画を進めている。企業におけるグリーンサイエンスは，環境戦略に不可欠である。

4・3・4　WBCSDとヴッパータール研究所

「国連環境と開発に関する会議」以降，企業の環境への取組みに関しての検討も進み，1994年に世界環境経済人協議会（World Industry Council for the Environment：以下，WICEとする）が，「環境レポーティング　マネージャーズガイド[17]」を発表している。このガイドラインは欧州の多国籍企業で参考にされ普及した。その後，BCSDは，1995年にWICEと合併し，世界環境経済人協議会（The World Business Council for Sustainable Development：WBCSD）となった。WBCSDは，設立当初33カ国の主要な20の産業分野から120名以上のメンバーが集まり，経済界と政府関係者との間の密接な協力関係を築いた。この協議会は，企業の持続可能な発展に向けた活動をサポートしている。2011年現在では，200社の最高経営責任者（CEO）が参加している。理事会は，約60の国家と産業界と地域パートナーとグローバルネットワークを構築しており，持続可能な開発のために，政府，非政府および政府間組織と協力企業と密接な関係をもっている。

　WBCSDでは，環境効率性の概念を次のように具体化し定義している。

① 製品（財）とサービスの物的密度（material intensity）を向上する。
② 製品（財）とサービスのエネルギー密度（energy intensity）を向上する。
③ 有害物質の拡散を抑制する。
④ 材料（原料）のリサイクル可能性を向上させる。
⑤ 再生可能資源を最大限に活用する。
⑥ 製品の耐久性を向上させる。
⑦ 製品（財）の利用密度（サービス密度）を向上させる。

OECDでは，今後30年間で10倍の環境効率の向上が必要であることを示しており，WBCSDの環境効率の向上への活動に協力を表明している。

環境効率性を高めることによって製品の「価値」または「消費者に与えるサービス」の向上が実現する。したがって，製品の長寿命化，リユースおよびリサイクル率，再利用回数が増加するに従い，サービス量は増加し，資源循環型システムが構築されれば，市場に存在する製品の生涯におけるサービス量は飛躍的を増加させることが可能である。ただし，サービスが高まっても有害物質を含有すると，よい性能を発揮しても環境への負荷が高くなるため，環境効率性が低下することになる。新たに増加した工程で，有害物質が製品に含有したり，環境中に放出されたりすることを注意しなければならない。

これらの考え方を踏まえると環境効率性は，短時間の物または物質の流れだけでは評価できず，自然の物質循環を考えての長期間にわたる分析，および環境中での（空間的な）拡散を考えなければならないことがわかる。1つの製品のマテリアルリサイクルのみを向上させても，自然循環の流れに即していなければ却って環境に負荷をかけてしまうこともある。また，リサイクル性を高めるといって，比較的容易にできるサーマルリサイクルのみを主体にすると，エネルギーの供給の安定性等いわゆるエネルギー政策との関連も考慮しなければならず，技術的に可能だからといって安易に進めると，思わぬ無駄を発生させることもあり環境効率性は失われる。

環境効率性の結果を正確に求めるには，LCA分析に基づいたさまざまな環境負荷を考えなければならない。しかし，製品に含まれるすべての種類の材料資源採取から運搬，生産，使用（リユース），リサイクル（マテリアルリサイクル，ケミカルリサイクル，サーマルリサイクル），廃棄・最終処分（廃棄物として存在し

ている期間をすべて含む：核廃棄物の場合数万年に及ぶ）までの生涯の総環境負荷量の情報を揃えることは極めて困難である。現状ではすべての情報を収集分析できるものは限られたものとなるだろう。したがって，詳細な環境負荷を考えると環境効率性の算出にはある一定の条件を設定しなければ，定量的な評価はできないこととなり，何らかの環境指標の1つとして扱うことが妥当である。

環境指標として環境効率を捉え，商品の可能な限りの環境負荷情報を収集してLCA分析を行った場合を想定すると，基本的には

$$環境効率 = \frac{製品またはサービスの価値（量）}{環境負荷［環境影響］（量）}$$

の関係が成り立つ。分子である製品またはサービスの価値も，人の価値観の違いで大きく異なる部分もあるため，企業の定量分析手法によって値が違ってくると考えられる。

「環境効率性」と類似の考え方として，ドイツのノルトラインウエストファーレン州のヴッパータール研究所が1991年に発表した「ファクター10」がある。この提案では，「持続可能な社会を実現するためには，今後50年のうちに資源利用を現在の半分にすることが必要であり，人類の20％の人口を占める先進国がその大部分を消費していることから，先進国において資源生産性（Resource Productivity）を10倍向上させることが必要であること」を提唱している。

1995年には，ローマクラブの要請により「ファクター4」も発表し，「豊かさを2倍に，環境に対する負荷を半分に」することを提案し，「資源生産性を現在の4倍にすることが技術的に可能であり，かつ巨額の経済的収益をもたらし，個人や企業，社会を豊かにすることができる」としている。ファクター4では，資源生産性を

$$資源生産性 = \frac{サービス生産量}{資源投入量当たりの財，または物質総消費量}$$

と表している。消費される物質に注目すると，資源の有効利用（または，枯渇対策）の指標としても分析することができる。なお，省エネルギー効果では，「環

境効率性」、「資源生産性」の双方がほぼ同様の内容となる。

4・3・5 サービス量の向上

多くの物を所有し、使用する機会が少なければ、サービス量は物の量に反比例して減少する。一方、同じ物を長く使用すればサービス量はその使用期間に比例して増加する。また、使用済になった後、また別の人によって使用されれば、サービス量は増加する（リユース）。廃棄された後もマテリアルリサイクルまたはケミカルリサイクルを行ったり、廃棄物の燃焼等を実施してサーマルリサイクルしても、新たに資源として別のサービスを得ることができる。

貴金属・非鉄金属などのマテリアルリサイクルは、価値が高い物質を扱っているため、従来より専門のリサイクル業者が存在しているが、廃プラスチックや廃ガラスなど価値が低い物または製品に微量に存在している物質については、効率的な回収と再生技術が無かったため、ほとんどリサイクルされていない。近年、経済成長に伴い、廃棄物が増加し、その処理・処分が問題となり、さらに一部の資源の供給が不足してきたことから、マテリアルリサイクルが注目され始めた。適正なマテリアルリサイクルは、物のサービス量を増加させるため、環境効率の向上が期待できる。

法律では廃棄物の再生利用に関しては、「資源の有効な利用の促進に関する法」で定められ、回収等に関しては、商品毎に法律が制定され、規制が進められている。「容器包装に係る分別収集及び再商品化の促進等に関する法律」、「特定家庭用機器再商品化法」、「使用済自動車の再資源化等に関する法律」、「食品循環資源の再生利用等の促進に関する法律」、「建設工事に係る資材の再資源化等の促進に関する法律」、「家畜排泄物の管理の適正化及び利用の促進に関する法律」などリサイクル推進に関した法律が数多く制定されている。しかし、それぞれの法の所管省庁が異なっていることにより、リサイクル料の支払時期、回収方法等が異なっているため、非効率なシステムとなっている（P&T4-2参照）。また、再生材料等の製造が可能となっても、利用目的が明確にできなかったり、再生コストが大きく市場化が難しいといった障害も多く、関連団体ではこれら問題の解決策をさまざまに検討している。一方、サーマルリサイクルは、マテリアルリサイクルに比べ容易に実施することができ、エネルギーの効率化

が図れるメリットがある．しかし，あまり利用されない温水プールなど無意味な熱利用などはサービスの向上になるとは言い難い．廃棄物が有機物（廃農作物，廃棄食品，廃材，廃畜産物など）の場合，バイオマスエネルギーの利用が期待できる．バイオマスは，貯蔵が可能なことから比較的有効にエネルギー利用が可能である．ただし，燃焼すると含有物が有害物質となって環境中に排出される場合もあるため注意を要する．

　製品そのもののサービス量を増加させるために設計段階から検討を加える環境設計も，近年経営戦略の一環として多くの企業で取り組まれている．これら製品は，環境商品として他の商品との差別化が期待できる．省エネルギーに関した商品は，LED電球，省エネ冷蔵庫・エアコンなどは経済性の面でもメリットがあり，すでに一般公衆にコンセンサスを得ている．オイルショック以後，石油の消費を削減するために制定された「エネルギーの使用の合理化に関する法律」は，他の一次エネルギーの供給が不安定になってきている現在，環境効率の向上（単位エネルギーに対するサービス量の増加）に有効に機能している．また，オフィスや工場の省エネルギーを図る環境ソリューションも営業戦略（企画）として定着してきている．トップランナー方式（1998年法改正時に導入）のような企業間で競って環境性能向上の技術開発がなされることが期待できる．

　これら環境商品は，新たなコストを要することから，市場での競争力が弱い問題を共通に持っているが，「国等による環境物品等の調達の推進等に関する法律」は，これら環境商品の普及を後押ししている．文房具など比較的容易に導入できる部分から市場での優位性を高め，少しずつではある普及が進んでいる．別途，CSR活動の経済面および環境面からも環境商品の開発・実用化が進められており，経営戦略として一般化してくると急速に一製品に対するサービス量が増加していくだろう．

　一方，わが国では，環境税や排出権取引など経済的な誘導策は，産業界がネガティブな姿勢が極めて強く，先進国の中では非常に遅れている．ただし，研究開発，環境保護活動に対する助成金または補助金は，かなり積極的に行われており，大きな公共投資となっている．しかし，企業独自の活動が必要な実用化から普及段階へと移行すると公平性の面から公的助成金の対象とならなくなる．助成金が打ち切られた後は，そのまま開発が終了してしまう場合がある．

第4章 社会的責任 167

P&T4-2 わが国のLCAと環境効率向上のためのシステム（2012年4月現在）

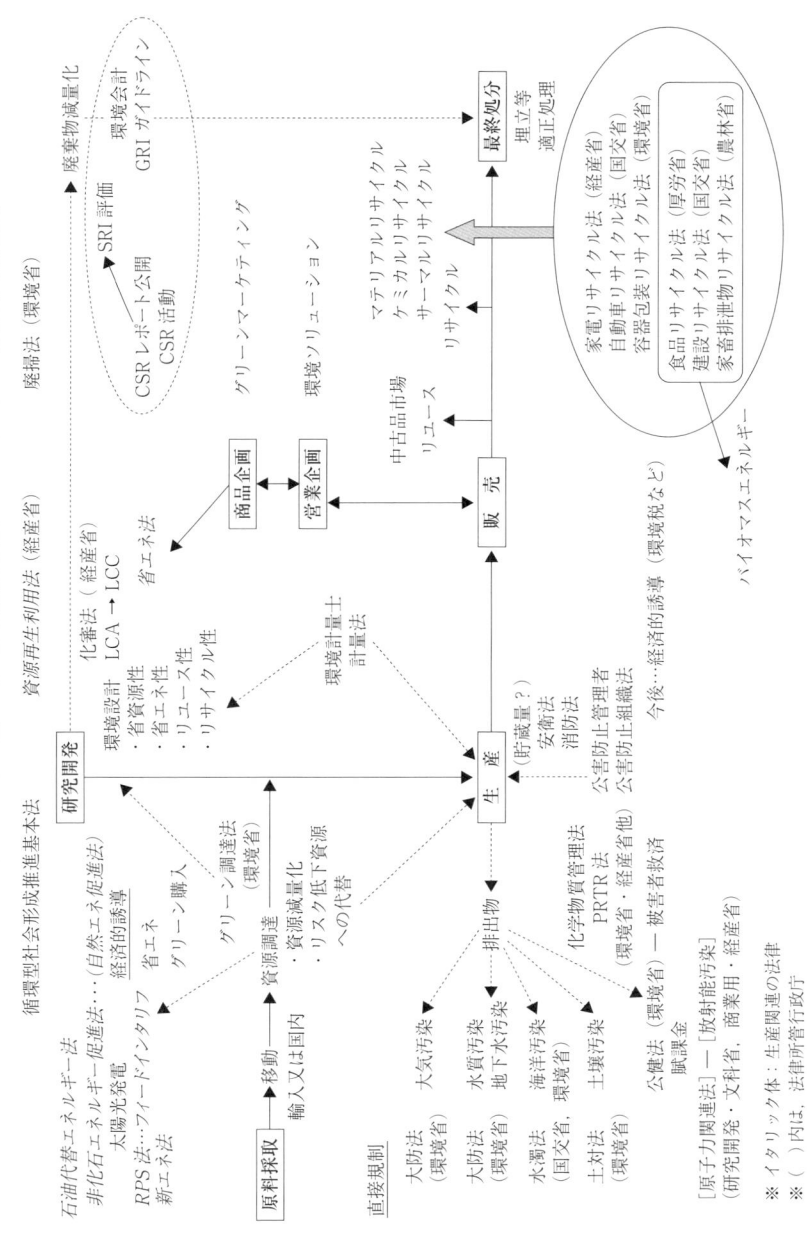

循環型社会形成推進基本法
資源再生利用法（経産省）
廃掃法
廃棄物減量化
環境会計
GRI ガイドライン

SRI 評価
CSRレポート公開
CSR活動

化審法（経産省）
LCA → LCC
省エネ法

環境設計
・省資源性
・省エネ性
・リユース性
・リサイクル性

環境計量士
計量法

グリーンマーケティング
環境ソリューション

マテリアルリサイクル
ケミカルリサイクル
サーマルリサイクル

商品企画 ⇔ 営業企画

中古品市場
リユース

販売

家電リサイクル法（経産省）
自動車リサイクル法（国交省）
容器包装リサイクル法（環境省）
食品リサイクル法（厚労省）
建設リサイクル法（国交省）
家畜排泄物リサイクル法（農林省）

最終処分
埋立等
適正処理

リサイクル

バイオマスエネルギー

石油代替エネルギー法
非化石エネルギー促進法…（自然エネ促進法）
太陽光発電
RPS法…フィードインタリフ
経済的誘導
省エネ
新エネ法　グリーン購入

原料採取 → 移動 → 資源調達
輸入又は国内

グリーン調達法（環境省）
・資源減量化
・リスク低下資源への代替

生産（貯蔵量？）
安衛法
消防法
公害防止管理者
公害防止組織法
今後、経済的誘導（環境税など）

非排出物

化学物質管理法
PRTR法（環境省・経産省他）

直接規制

大防法（環境省）　大気汚染
大防法（環境省）　水質汚染
　　　　　　　　地下水汚染
水防法（国交省）　海洋汚染
土対法（環境省）　土壌汚染

公健法（環境省）―被害者救済
賦課金

［原子力関連法］―［放射能汚染］
（研究開発・文科省、商業用・経産省）

※ イタリック体：生産所管行政庁
※（ ）内は、法律関連行政庁

自然エネルギー，燃料電池による電力開発，バイオマス原料の安定供給のためのさまざまな開発（農作物の利用等）など普及が進まないものが多い。対して，自然エネルギーの普及促進ではフィードインタリフ[18]など欧米での制度導入が成功した経済的誘導規制が導入される場合が多い。しかし，欧米とは自然条件や既存インフラストラクチャー，エネルギー供給状況が違っているため，客観的な立場でフィージビリスタディを慎重に行うことが望ましい。個々の「法律」，「環境保護手法」の関係はP&T4-2に示す。

　開発目標設定のために対象技術の環境影響面において合理的に事前評価するには，エネルギー・原料および製品の環境負荷に対するLCAを実施し，環境効率または資源生産性の向上のために検討を行う必要がある。科学技術から生じる環境負荷に関しては，非常に情報が少なく，正確な検討結果を得ることは困難である。

　したがって，「グリーンサイエンス」の当面の目標は，単位資源当たりのサービス量の増加である。「環境負荷」に関する情報の整備には，遅れている環境保護に関する社会科学の発展が必要である。

　科学は，複雑化し多岐な分野に細分化されたため，環境保全を考慮するためのマネジメントはこれから不可欠になっていくだろう。

【注釈】
＊1）　PCB　　PCBは，「化学物質の審査および製造等の規制に関する法律」によって特定化学物質に指定され，製造・輸入・使用が規制され，1972年以降生産を中止している。また残留性有機汚染物質条約（POPs条約）の規制の対象になっており，使用中のPCBについても2025年までに廃止を定めている。わが国では，既存のPCBについては「ポリ塩化ビフェニル廃棄物の適正な処理の推進に関する特別措置法（2003年施行）」に基づき処理が進められている。被害の再発防止に関しては，リスク分析が実施されるため，行政による対処が行われるが，予防に関しては開発している企業が実施しなければ対処は難しい。
＊2）　GRI　　GRIは，1997年に国連環境計画（United Nations Environment Programme：UNEP）およびCERES（Coalition for Environmentally Responsible Economies）の呼びかけにより，持続可能な発展のための世界経済人会議（The World Business Council for Sustainable Development：WBCSD），公認会計士勅許協会（Association of Chartered Certified Accountants：ACCA），カナダ勅許会計士協会（Canadian Institute of Chartered Acountants：CICA）などが参加して設立された。2002年4月上旬には，国際連合本部で正式に恒久機関として発足している。本部は，オランダ・アムステルダム（2002年9月に米国・ボストンから移動）に置かれ，現在は国連環境計画（United Nations Environment

Programme：UNEP）の公認の協力機関（Non-Governmental Organization：NGO）である。2000年6月にGRIガイドライン第1版が発行され，2006年に第3版が発表されている。2011年には，第3版のver3.1が作成されている。

＊3） **GRIガイドライン**　2000年に発表された第1版の改訂版で示された報告の原則では，現企業環境レポートの問題点を補う形で次の項目が示されている。
① 報告書の枠組みを形づくるもの（透明性，包含性，監査可能性）
② 報告内容に関する意思決定に影響するもの（網羅性，適合性，持続可能性の状況）
③ 報告書の質と信頼性の確保にかかわるもの（正確性，中立性，比較可能性）
④ 報告書の入手に関する意思決定に影響するもの（明瞭性，タイミングの適切性）
　※透明性と包含性の原則は報告プロセスの起点であり，他のすべての原則に織り込まれている。

　また，本ガイドラインの果たすべき役割としては，次の5項目が示されている。具体的な基準等を定めるのではなく，コンセプトや方針等についての基本的なルールを定めたものと言える。
① 組織全体の持続可能性報告書を作成する際の方針や具体的な内容を示す。
② 組織の経済・環境・社会的パフォーマンスを正確かつバランス良く開示する手助けとなる。
③ 幅広い業種や地域において事業展開する様々な組織の公開情報の特性を考慮しながら，持続可能性報告の比較可能性を増強する。
④ 規範やパフォーマンス基準，自主的なイニシアチブに対する持続可能性パフォーマンスのベンチマーク（基準点）や評価を可能にする。
⑤ ステークホルダーとのかかわりを促進するツールとなる。
　第3版では，「社会」面について，労働慣行とディーセント・ワーク，人権，社会，製品責任に分けて記載されている。

＊4）　**環境コスト**　近年，企業環境レポートに環境会計の結果が記載されたものには，環境コストの種類として，公害防止，環境修復，産業廃棄物処理・削減，事業場の省エネルギー，製品リサイクル，環境管理，環境関連技術開発等を取り上げ，設備投資額や経費の金額が示されているものが多い。環境コストを投じたことによる節減効果金額として，「産業廃棄物処理・削減」と「事業場の省エネルギー」を取り上げ，金額による数量的な記載がある場合もある。また，流通関連企業には「環境配慮商品」の売上高，売上総利益を取り入れた例もある。

＊5）　**社会的責任投資（SRI）**　1920年代にキリスト教の教会でキリスト教の教え（倫理）に反している企業を除いて投資したことが始まりとされている。その後反戦，消費者運動，人権差別反対など社会的背景が加わっていった。

＊6）　**米国国家環境政策法における環境アセスメント**　連邦政府の事業および，連邦政府から資金が支出される州政府や民間の事業が対象となっている。環境影響評価については，事業の計画段階において，複数の計画案についての影響評価（計画アセスメント）が義務づけられ，代替策の中には事業を実施しない場合も含まれている。また，政策的な観点からも評価されている。このようなアセスメントの方式は戦略的環境アセスメントといわれ世界的に取り組まれている。

＊7）　**旧環境影響評価法案**　国でも1984年に閣議決定された「環境影響評価の実施につ

いて」に基づき「環境影響評価実施要綱」が定められ，国が実施または免許等で関与するもので道路，ダム，鉄道，飛行場，埋め立て，干拓および土地区画整理事業等の11種類の面的大規模開発について，行政指導による事業者による環境影響評価が始められている。

地方自治体では本制度の必要性が高まり，1976年に川崎市でわが国最初の環境影響評価条例が制定され，その後北海道，神奈川県，岐阜県などで相次いで条例が制定された。1993年末までに39自治体で条例または要綱が制定され，2004年度現在では，すべての都道府県および政令指定都市で条例による環境アセスメント制度が設けられている。

また，1993年の環境基本法制定時に条文化が試みられたが，事業官庁および産業界等の強い反対があり，環境影響評価の推進について「国は，土地の形状の変更，工作物の新設その他これらに類する事業を行う事業者が，その事業の実施に当たりあらかじめその事業に係る環境への影響について自ら適正に調査，予測又は評価を行い，その結果に基づき，その事業に係る環境の保全について適正に配慮することを推進するため，必要な措置を講ずるものとする。」（第20条）との表現にとどまっている。

＊8）　チェルノブイリ原発事故　　1986年4月26日に起きたチェルノブイリ原子力発電所爆発事故は，ウクライナの首都近郊のチェルノブイリ原子力発電所で作業員の訓練不足から実験運転中の原子炉を異常に発熱させ爆発事故を発生させている。核反応の暴走で制御不能になった原子炉で放射性物質の崩壊熱によって水素が発生し爆発したことが事故原因とされている。

＊9）　アクシデントマネジメント　　内閣府に原子力基本法に基づき設置された原子力安全委員会（内閣総理大臣を通じた関係行政機関への勧告権を有する：他の行政庁から独立した機関）から1992年5月に，「シビアアクシデントに対するアクシデントマネジメントの整備」が勧告され，7月には政府が各電力会社にアクシデントマネジメントの整備を要請している。当該勧告では，「わが国の原子力発電所が現在の安全対策によって十分に確保されており，さらなる安全規制は必要ないとした上で，さらに事故に対するリスクを低減させ，安全性を高めるために，電力会社は自主的な努力を行うべき」としている。電力各社は，この勧告を受けアクシデントマネジメント策を整備し，2002年5月にその内容を取りまとめた報告書を政府に提出している。原子力安全委員会は，当該報告書の対策は妥当であると評価している。

＊10）　優先取組物質　　大気汚染防止法第2条9項では，「有害大気汚染物質」を，「継続的に摂取される場合には人の健康を損なうおそれがある物質で大気の汚染の原因となるもの（ばい煙および特定粉じんを除く）をいう」とし，1996年中央環境審議会の「今後の有害大気汚染物質対策のあり方について（第二次答申）」の中で，234物質を提示している。その中から「個々の有害大気汚染物質の有害性の程度やわが国の大気環境の状況等に鑑み健康リスクがある程度高いと考えられる」22種類の有害大気汚染物質が「優先取組物質」として選定されている。答申では，行政について「物質の有害性，大気環境濃度，発生源等について体系的に詳細な調査を行うこと」が謳われ，事業者に対しては「排出抑制技術の情報等の提供に努め，事業者の自主的排出抑制努力を促進すること」が述べられている。また，事業者による自主的な管理が速やかに実施可能と考えられるものとして次の12物質も示されている。①アクリロニトリル，②アセトアルデヒド，③塩化ビニルモノマー，④クロロホルム（別名　トリクロロメタン），⑤1,2-ジクロロエタン，⑥ジクロロメタン（別名　塩化メチレン），⑦テトラクロロエチレン，⑧トリクロロエチレン，⑨1,3-ブタジエン，

⑩ベンゼン,⑪ホルムアルデヒド,⑫二硫化三ニッケルおよび硫酸ニッケル(＊二硫化三ニッケルおよび硫酸ニッケルの大気環境モニタリングを実施する場合には,ニッケルおよびその化合物に係る測定結果を提供することで足りるとする).なお,1997年9月にダイオキシン類が新たに対象として追加され13物質となった。

＊11) ゼロ・エミッション　1994年に国連大学が提唱した"Zero Emissions Research Initiative：ZERI"を機会に「ゼロ・エミッション」という概念が国際的に広がった。人為的に自然に排出される汚染物質をゼロにする(自然循環に則して人類の活動が実施されること)ことをめざした言葉で,多くの企業が,環境活動の目標として行っている。

＊12) 農薬の効果　社団法人日本植物防疫協会「農薬を使用しないで栽培した場合の病害虫等の被害に関する調査」(1993年)の結果(調査場所：日本,1991－1992年に実施,[ ]は試験例数)によると,農薬を使用しない農作物の推定収穫減少率は,水稲[10]は28％,小麦[4]は36％,大豆[8]は30％,りんご[6]は97％,もも[1]は100％,キャベツ[10]は63％,大根[5]は24％,きゅうり[5]は61％,トマト[6]は39％,ばれいしょ[2]は31％,なす[1]は21％,とうもろこし[1]は28％と非常に高い数値が示されており,農薬を使用しないと農作物の収穫量が大幅に減少することがうかがえる。特に,りんごやももは,ほぼ生産できず,キャベツやきゅうりは,高級食材となる可能性がある。有機農業を普及する際の難易度の指標ともなると考えられる。

＊13) 化学物質の安全性の確認　わが国では,難分解性,高濃縮性,長期毒性を有する化学物質については,「化学物質の審査及び製造等の規制に関する法律(以下,化審法とする)」で規制されており,2005年4月1日現在で,15物質が第一種特定化学物質に指定され,製造,輸入,販売,使用が禁止されている。また,農薬取締法の規制でも化審法と同様に,安全性が確認されないものは製造,輸入,販売,使用ができない(2002年14年12月の法改正で製造・輸入・使用の規制が加わった)。具体的な毒性等のチェックは,①毒性試験,②動植物体内での農薬の分解経路と分解物の構造等の情報を把握,③環境影響試験,④農作物残留性試験の結果に基づき行われ,安全性が確認された農薬は当該取締法に登録されることとなる。したがって,人および生物全般,生態系への有害性等が把握され登録になったもののみ環境中へ散布されることとなり,環境汚染発生のリスクもある程度予測可能ということとなる。

＊14) 農薬取締法で定めている農薬　農薬取締法で農薬は次が定められている。
　①殺虫剤：農作物を加害する害虫を防除する薬剤,②殺菌剤：農作物を加害する病気を防除する薬剤,③殺虫殺菌剤：農作物の害虫,病気を同時に防除する薬剤,④除草剤：雑草を防除する薬剤,⑤殺鼠剤：農作物を加害するノネズミなどを防除する薬剤,⑥植物成長調整剤：農作物の生育を促進したり,抑制する薬剤,⑦誘引剤：主として害虫をにおいなどで誘き寄せる薬剤,⑧展着剤：ほかの農薬と混合して用い,その農薬の付着性を高める薬剤,⑨天敵：農作物を加害する害虫の天敵,⑩微生物剤：微生物を用いて農作物を加害する害虫病気等を防除する剤

＊15) SDR　SDR(Special Drawing Rights)とは,1969年に,ブレトン・ウッズの固定為替相場制を支えるためにIMFが創設したもので,IMF加盟国の自由利用可能通貨に対する潜在的な請求権である。1981年以降5年ごとに価値評価の見直しがある。(国際通貨基金ホームページ　http://www.imf.org/external/np/exr/facts/jpn/sdrj.htm より抜粋)

＊16) 環境保険　わが国においては,偶発的な事故を対象としての次の保険がある。

①　施設所有管理者賠償責任保険　　農薬工場でしばしば発生するような異常反応による漏洩や爆発など汚染事故を対象としたもので,「他人の生命・身体または財物（有体物）を害した場合の賠償責任」,「訴訟費用」は対象としているが,「漁獲高が減少した場合の漁業権者に対する賠償」及び「汚染の除去費用」は対象となっていない。

②　油濁保険　　対象物質は「石油類」のみで,「公共水域（海,河川,湖沼,運河）」の汚染に限定している。「漁獲高の減少と漁獲物の品質の低下に対する漁業権者への賠償」,「汚染処理」,「他人の財物の損害」,「訴訟費用」は対象であるが,対人賠償は対象外である。昭和49年に水島で発生した石油会社の重油流出事故では,公共水域を汚染したため対象となった。

＊17)　環境レポーティングマネージャーズガイド　　このガイドラインでは,基本的な考慮,重要な実施項目,監査,可能な目次等が示されており,読者として,「消費者,労働者,環境NGO,投資者,地域住民,メディア,科学者・教育機関,供給業者・契約者・ジョイントベンチャーパートナー・ディーラー,貿易・産業・商業協会」を取り上げ,レポート項目として「大分類として,質的項目,管理,量的項目,生産物」を抽出し,マトリックス分析によって各読者に対してのレポート各項目の必要性と内容について考えることを求めている。

　欧州で検討が進んだ企業環境レポートは,大手メーカーを中心に普及していき,各社それぞれに工夫を凝らして作成されていった。

＊18)　フィードインタリフ　　再生可能エネルギー（太陽光や風力など）の導入・普及目的とした政策手法で,欧州を中心に複数の国で実施され成功している。この制度では,自然エネルギーで生産された電気を電力会社が固定価格で長期間買取をすることで,自然エネルギーの価格を量産効果によって低下させることを期待している。しかし,電力会社が高価格の電気を買い取ることから,電気代が上昇しているのが現実である。普及までの長期間を見据えたLCC（Life Cycle Costing）の検討もさらに行う必要がある。

おわりに

　科学は細分化され，さまざまな垣根をたくさん作ってしまい，その結果，自由な環境が失われている。最もかけがえのないアイディアが，一部の人たちのご都合に合わせて言葉の意味をコントロールされてしまっている。俯瞰的な視点で純粋に全体を見渡されることは少なく，低い位置からの狭い視野で見えるものをすべてと思っていることが多い。

　グリーンサイエンスは，自然を考えているものであり，本来，科学そのものである。しかし，目の前の経済的な利益と相反してしまうことが多いため，後回し，または見失われている，あるいは目をそらそうとしているようにも思われる。経済的な利益は短時間で数値として容易に確認することができ，生活そのものに直接影響してくるものであるため，明確な数値で表すことが難しいグリーンサイエンスに目を向けることはあまりない。放射性物質による甚大な環境汚染が発生した福島第一原子力発電所の事故では，グリーンサイエンスの進展は非常に遅れていたことが，突然明白になった。現在の科学技術レベルで代替エネルギーが次々と市場を争っているが，まず，環境面での科学的知見の蓄積と解析が必要だろう。

　特に自然科学を踏まえた，グリーンサイエンスについての社会科学の検討は遅れている。環境問題を法律学や経済学で社会的なコストで評価されることが多いが，基本的な問題は自然を破壊していることで，壊れたものは容易に元に戻らないことである（不可逆的である）。自然のさまざまな面についてリスク分析を行うべきである。安易に安全性が高いとか低いとか表現するのはやめるべきであろう。どれくらいのリスクがあるのか，ハザードと曝露量を示し，その対処をわかりやすく示すべきである。物理や化学で使用する量や濃度の単位は，専門家が使いやすくするためにつけたものであるため，一般公衆のほとんどが理解しにくいと言ってよいだろう。

　科学の社会的な責任は，自然科学の専門家に任されている部分が多い。細分化された専門分野で，社会科学的な影響まで検討できるとは思われない。科学者は，強い興味がインセンティブになって研究を進めているため，研究成果が

環境影響など社会へ及ぼす影響より，早く研究成果を得ようとする。これは一般的に考えて当然な行為である。歴史的に有名な科学技術である，金メッキのためのアマルガム利用（水銀の環境放出），ダイナマイト，アスベストの断熱材としての利用，有害性が低い物質であるCFC類（フロン類）の使用，放射能の発見，ウランの核分裂，水素の核融合などは，環境汚染または環境破壊まで十分に検討していなかった。社会科学者は，自然科学の利点に中心に，権威の形成，経済的な利益に焦点を当ててきた。その結果，お金では買えることができない，人の命や健康障害，精神的な苦痛，さらに生態系の破壊が発生してしまっている。

　人を幸せにする科学本来の目的が逸れている。価値観を始め，世の中のいろいろのものを軌道修正しなければならない時期にきている。われわれが存在している自然を再度見つめ直し，グリーンサイエンスを進めていかなければならない。環境責任を明確にした科学が発展することに期待したい。

参考文献等

レイチェル・カーソン〔青樹簗一訳〕『沈黙の春』（新潮社，1974年）
ドネラ・H・メドウス，デニス・L・メドウス，シャーガン・ラーンダス，ウィリアム・W・ベアランズ3世『成長の限界——ローマクラブ「人類の危機」レポート』（ダイヤモンド社，1972年）
ガレット・ハーディン『サバイバル・ストラテジー』（思索社，1983年）
ジャパンエナジー・日鉱金属株式会社編『大煙突の記録——日立鉱山煙害対策史』（ジャパン・エナジー，1994年）
松波淳一『私説カドミウム中毒の過去・現在・未来——イタイイタイ病を中心として』（桂書房，2007年）
N・アービング・ザックス，リチャード・J・ルイス〔藤原鎭男 監訳〕『有害物質データブック』（丸善，1990年）
久保亮五・長倉三郎・井口洋夫・江沢 洋 編集『岩波 理化学辞典　第5版』（岩波書店，1999年）
日本化学会編『化学便覧 基礎編 改訂3版』（丸善，1984年）
勝田 悟『化学物質セーフティデータシート』（未来工学研究所，1992年）
国立水俣病総合センター・水俣病情報センター編『水銀と健康　第4版』（環境省，2010年）
日本原子力産業協会『原子力年鑑2007年』（日刊工業社，2006年）
原子力委員会『原子力政策大綱』（2005年）
電気事業連合会『原子力2010コンセンサス』（2009年）
内閣府『エネルギー政策基本計画』（2010年）
原子力委員会『原子力政策大綱』（2005年）
榎本聰明『原子力発電がよくわかる本』（オーム社，2009年）
吉岡斉『新版　原子力の社会史——その日本的展開』（朝日新聞出版，2011年）
経済産業省・資源エネルギー庁編集『原子力 2010』（日本原子力文化振興財団，2010年）
日本原子力文化振興財団『原子力・エネルギー 図面集』（2010年）
東京電力『原子力発電の現状』（2010年）
Paul T. Anastas, John C. Warner "Green Chemistry: Theory and Practice"〔日本化学会化学技術戦略推進機構訳編，渡辺正・北島昌夫訳〕『グリーンケミストリー』（丸善出版，1999年）
御園生誠・松本英之・野尻直弘『新時代のGSC戦略——持続可能社会を創る環境共生化学』（化学工業日報社，2011年）
杉山二郎・山崎幹夫『毒の文化史——新しきユマニテを求めて』（講談社，1981年）
杉山二郎『大仏以後　新装版』（学生社，1999年）
坂本賢三『先端技術のゆくえ』（岩波書店，1987年）
勝田 悟『知っているようで本当は知らないシンクタンクとコンサルタントの仕事』（中央経済社，2005年）
藤岡典夫・立川雅司編著『GMO グローバル化する生産とその規制』農林水産省農林水産政策

研究所編「農林水産政策研究叢書 7号」（農山漁村文化協会，2006年）
高橋滋『先端技術の行政法理』（岩波書店，1998年）
吉倉廣監修，遺伝子組換え実験安全対策研究会編著『よくわかる！研究者のためのカルタヘナ法解説――遺伝子組換え実験の前に知るべき基本ルール』（ぎょうせい，2006年）
通商産業省バイオインダストリー室監修，バイオインダストリー協会編集『「組換えDNA技術工業化指針」の解説』（バイオインダストリー協会，1987年）
未来工学研究所『組換え体取扱い初心者のための手引』（未来工学研究所，1989年）
未来工学研究所『バイオテクノロジー作業で取り扱われる化学物質の性状』（未来工学研究所，1989年）
勝田悟『環境戦略』（中央経済社，2007年）
勝田悟『地球の将来』（学陽書房，2008年）
内閣府『生物多様性国家戦略2010』（2010年3月16日閣議決定）
藤川福治郎 編集『再審裁判化学 改訂第4版』（江南堂，1984年）
川名林治・横田健 編集『標準微生物学 第3版』（医学書院，1987年）
南山堂『南山堂 医学大辞典 第11版』（南山堂，1987年）
農林水産省『改正JAS法について』（2006年3月）
日本農林規格協会『JAS規格の認定取得ガイド』（2007年）
勝田悟『環境概論』（中央経済社，2006年）
シーアコルボーン，ダイアン・ダマノスキ，ピート・マイヤース〔長尾力訳〕『奪われし未来』（翔泳社，1996年）
厚生労働省『食品に残留する農薬等に関する新しい制度（ポジティブリスト制度）について』（2006年）
ステファン・シュミットハイニー，持続可能な開発のための産業界会議（BCSD）『チェンジング・コース』（ダイヤモンド社，1992年）
ステファン・シュミットハイニー，フェデリコ・J・L・ゾラキン，世界環境経済人協議会『金融市場と地球環境―持続可能な発展のためのファイナンス革命―』（ダイヤモンド社，1997年）
F.シュミット・ブレーク『ファクター10』（シュプリンガー・フェアラーク東京，1997年）
エルンスト・U・フォン・ワイツゼッカー，エイモリー・B・ロビンス，L・ハンター・ロビンス『ファクター4』（省エネルギーセンター，1998年）
OECD編〔樋口清秀 監訳〕『エコ効率 環境という資源の利用効率』（シーエーピー出版，1999年）
矢崎幸生ほか編『現代先端法学の展開〔田島裕教授記念〕』（信山社，2001年）
環境庁〔外務省監訳〕『アジェンダ21――持続可能な開発のための人類の行動計画（'92地球サミット採択文書）』（海外環境協力センター，1993年）
環境と開発に関する世界委員会『地球の未来を守るために Our Commom Future』（福武書店，1987年）
日本化学工業協会『環境・安全・健康を守る化学産業の取り組み レスポンシブル・ケアを知っていますか』（2011年）
勝田悟『環境保護制度の基礎 第二版』（法律文化社，2009年）
勝田悟『持続可能な事業にするための環境ビジネス学』（中央経済社，2003年）

勝田悟『環境政策』（中央経済社，2010年）
勝田悟『環境学の基本』（産業能率大学，2008年）
国際連合持続可能開発部 協力，オーストリア運輸・改革・技術省『環境管理会計の手続きと原則―環境管理会計の促進における政府の役割の改善に関する専門家会合に備えて―（Environmental management Accounting Procedures and Principles ～ Prepared for the Expert Working on "Improving the Role of Government in the Promotion of Environmental management Accounting")』（2001年）
Der Bundesminister Für Umwelt, Naturschutz und Reaktorsicherheit informiert "UMWELTPOLITIK"（1990）.
Der Bundesminister Für Umwelt, Naturschutz und Reaktorsicherheit informiert "UMWELTPOLITIK"（1992）.
Der Bundesminister Für Umwelt, Naturschutz und Reaktorsicherheit informiert "UMWELTPOLITIK"（1999）.
Centers for Disease Control and Prevention [CDC], National Institute of Health U.S.A [NIH] "Biosafety in Microbiogical and Biomedical laboratories" CDC・NIH（1983）.
Executive office of the president, Office and Technology "Coodinated Framework for Regulation of Biotechnology" Office of sience and technology policy（1986）.
WICE "ENVIRONMENTAL REPORTING 'A MANAGER's GUIDE'" 1994.
U.S. EPA. "1992 Toxic Release Inventory, public data release STATE FACT SHEETS, April 1994."（1994）
U.S. EPA "1996 Toxic Release Inventory, public data release ,Public Data Release - Ten Years of Right-to-Know., May 1998."（1998）
U.S. EPA "Toxic in community, 1989."（1990）
Paul Anastas, John Warner "Green Chemistry: Theory and Practice"（Oxford University Press: New York, 1998）.
ジュールス・プリティ「近代農法の真の代償」Resurgence No.205 March/April 2001
勝田悟「環境保全におけるバイオセーフティ規制の合理性に関する研究」最先端技術関連法研究，第9・第10合併号（2010年）81-103頁。
勝田悟「廃棄物のエネルギー利用に関する法政策の合理性についての研究」東海大学教養学部紀要，第41輯（2010年）45-69頁。
勝田悟「有機農業推進制度と農薬のポジティブリスト規制による生物多様性保護の蓋然性」国士舘大學比較法制，第33号（2010年）47-75頁。
勝田悟「途上国におけるCDM事業の可能性――タイの環境法動向からの考察」東海大学教養学部紀要，第40輯（2009年）47-77頁。
Pike.R.M "Laboratory-associated infection : Summary and analysis of 3921 case" Hlth Lab Sci 13（1976），pp105-114.
Pike.R.M "Past and present hazard of working with infectious agents" Arch Path Lab Med（1978），pp333-336.
Pike.R.M "Laboratory-associated infection : incidence,fatalities, causes and prevention" Ann Rev Microbiol 33（1976），pp41-66.
CEFIC（European Chemical Industry Council）"CEFIC GUIDELINE ON

ENVIRONMENTAL REPORTING FOR THE EUROPEAN CHEMICAL INDUSTRY."
Approved by the Boad on 18 June 1993.

＊参考にしたインターネットホームページ（2012年3月～4月）
環境省ホームページ　http://www.env.go.jp/
経済産業省ホームページ　http://www.meti.go.jp/index.html
経済産業省資源エネルギー庁ホームページ　http://www.enecho.meti.go.jp/
ICRP（International Commission on Radiological Protection）ホームページ　http://www.icrp.org/
UNEP（United Nations Environment Programme）ホームページ　http://www.unep.org/
UNFCCC（United Nations Framework Convention on Climate Change）ホームページ　http://unfccc.int/2860.php
U.S.Environmental Protection Agencyホームページ　http://www.epa.gov/
農林水産省ホームページ　http://www.mff.go.jp
厚生労働省ホームページ　http://www.mhlw.go.jp
国際通貨基金ホームページ　http://www.imf.org/external/index.htm

事項索引

あ 行

アシロマ会議 …………………………… 65
アマルガム ……………………………… 174
　――法 …………………………………… 12
アリストテレス ………………………… 11
アレニウス ……………………………… 17
E-ファクター …………………………… 151
遺伝子組換え技術 …………………… 61, 62
遺伝資源へのアクセスと利益配分 …… 78
遺伝子バンク …………………………… 64
ウォーターマイレージ ………………… 121
エコダンピング ………………………… 114
エネルギー基本計画 …………………… 98
エネルギー政策基本法 ………………… 97
オイルサンド ………………… 14, 20, 107, 157
オイルシェール ……………… 14, 20, 107, 157
汚染者負担の原則 ……………………… 97
オゾン層の保護のためのウィーン条約 … 115
オゾン層破壊 …………………………… 20
オゾン層破壊物質に関するモントリオール議定書
　………………………………………… 115
オッペンハイマー ……………………… 8

か 行

ガーナー報告 …………………………… 17
カーボン・オフセット ………………… 103
カーボンニュートラル ……………… 3, 121
カーボンフットプリント …………… 103, 128
外来生物法 ……………………………… 77
確率論的安全評価 ……………………… 146
カップ …………………………………… 14
カネミ油症損害賠償事件 ……………… 116
ガリレオ ………………………………… 15
環境基準値 ……………………………… 90
環境効率性 ……………………………… 164
気候変動に関する国際連合枠組み条約
　……………………………… 75, 76, 93, 114

キュリー（ジョリオ） ………………… 7
キュリー（マリー） …………………… 7
京都議定書 ………………… 21, 25, 93, 114, 122
グリーンケミストリー ……………… 150, 151
クリック ………………………………… 62
クローニング技術 ……………………… 62
ケプラー ……………………………… 15, 24
ケミカルリサイクル ……………… 45, 165, 167
原始の海 ………………………………… 1
原子力政策大綱 ……………………… 58, 80
高速増殖炉 ………………………… 51, 59-61
　――燃料 ………………………………… 58
高レベル放射性廃棄物 ………………… 57
コーエン ………………………………… 63
国際原子力事象評価尺度 …………… 83, 84
国連環境と開発に関する会議
　……………………… 75, 77, 88, 94, 112, 161, 162
国連人間環境会議 …………………… 75, 94

さ 行

サーマルリサイクル … 3, 37, 40-42, 45, 58, 167
再生可能エネルギー ………………… 48, 54
細胞融合 ……………………………… 70, 74
シェールガス ………………… 14, 20, 157
資源生産性 ……………………………… 165
シビアアクシデント …………………… 147
社会的責任投資 ……………………… 138, 169
重水素 …………………………………… 60
シューハート・サイクル ……………… 101
シュンペーター ………………………… 30
人口論 …………………………………… 16
スクリーニング ………………………… 143
スコーピング …………………………… 143
スターン報告 …………………………… 17
ストレステスト ………………………… 148
ストロマトライト …………………… 2, 3
スマートグリッド …………………… 22, 106
スマートコミュニティ ………………… 107

スマートシティ……………………………………… 107
スマートメーター ………………………………… 23, 107
製造物責任法 ……………………………………… 133
生態系中心主義 …………………………………… 18
成長の限界 ……………………………………… 122, 130
総量規制 …………………………………………… 91

た 行

ダーウィン ………………………………………… 16
ダイナマイト ……………………………………… 16
チンダル …………………………………………… 17
敦賀原発風評事件 ………………………………… 158
デポジット ………………………………………… 43
デルファイ ………………………………………… 27
電源三法 …………………………………………… 53
トップランナー方式 …………………………… 105, 166

な 行

ナノテクノロジー …………………………… 32, 63, 111
ニュートン ………………………………………… 15, 24
人間中心主義 ……………………………………… 18
ネガティブスクリーニング ……………………… 49, 139
ネガティブリスト ………………………………… 50, 154
濃縮ウラン ………………………………………… 59
濃度規制 …………………………………………… 91
ノーベル …………………………………………… 16

は 行

バイオインフォマティクス ……………………… 63
排出基準値 ………………………………………… 90
バックキャスティング …………………………… 29
ピタゴラス ………………………………………… 11
ヒトゲノム ………………………………………… 63
日和見感染 ………………………………………… 67
ファイトレメディエーション …………………… 32
ファクター4 ……………………………………… 164
ファクター10 ……………………………………… 164
フィードインタリフ ………………………… 22, 168, 172
フードマイレージ ……………………………… 121, 125
風評被害 …………………………………………… 85
フーリエ …………………………………………… 17
フェルミ …………………………………………… 8, 16
フォアキャスティング …………………………… 29

プトレマイオス …………………………………… 15
プラトン …………………………………………… 11
プルトニウム ………………………………… 9, 10, 19, 59
ベーコン …………………………………………… 21, 23
ベクレル …………………………………………… 7
ボイヤー …………………………………………… 63
ポジティブスクリーニング ……………………… 49, 138
ポジティブリスト ………………………………… 155
ホルミシス効果 …………………………………… 10

ま 行

マテリアルリサイクル
　…………………………… 3, 23, 37, 40-43, 163, 165, 167
マニフェスト制 …………………………………… 23, 39
マルサス …………………………………………… 16
メタンハイドレート ………………………… 20, 107, 157

や 行

ユークリッド ……………………………………… 11

ら 行

ラドン ……………………………………………… 140
ラムサール条約 …………………………………… 76
レッドデータブック ……………………………… 76
レンダーライアビリティ ………………………… 158
レントゲン ………………………………………… 7
労働安全衛生法 …………………………………… 89

わ 行

ワシントン条約 …………………………………… 76
ワトソン …………………………………………… 62

欧文略記

CAS ………………………………………… 113, 129
CDM ……………………………………… 21, 24, 25, 96, 97
GRI ……………………………………… 136, 137, 168
IAEA ……………………………………………… 50
IPP ………………………………………………… 101
MSDS ……………………………………… 87, 88, 92
NPT ……………………………………………… 51, 52
PA ………………………………………………… 132, 157
PDCA …………………………………………… 100, 149
PFI ………………………………………………… 38

事項索引

PPS ·· 101
PRTR ··· 91, 92

SRI ·· 138, 139, 169

〔著者紹介〕

勝田　悟　(かつだ　さとる)

　1960年石川県金沢市生まれ。工学士（新潟大学）〔分析化学〕，法修士（筑波大学大学院）〔環境法〕。環境問題研究家。
　〈職歴等〉　政府系および都市銀行系シンクタンク（研究員，副主任研究員，主任研究員，フェロー），産能大学助教授を経て，東海大学・大学院准教授。
　研究活動は，環境政策研究（技術政策，法政策，公益事業計画）を実施。社会的活動は，経済産業省，地方公共団体，電線総合技術センター，日本電機工業会，日本放送協会，日本工業規格協会他複数の公益団体・企業，民間企業の環境保全関連検討の委員長，副委員長，委員，アドバイザー，監事，評議員などをつとめる。

〔主な著書〕

【単著】　『環境政策』（中央経済社，2010年），『環境保護制度の基礎　第2版』（法律文化社，2009年），『環境学の基本』（産業能率大学，2008年），『地球の将来』（学陽書房，2008年），『環境戦略』（中央経済社，2007年），『環境概論』（中央経済社，2006年），『早わかり「アスベスト」』（中央経済社，2005年），『知っているようで本当は知らないシンクタンクとコンサルタントの仕事』（中央経済社，2005年），『環境情報の公開と評価――環境コミュニケーションとCSR』（中央経済社，2004年），『持続可能な事業にするための環境ビジネス学』（中央経済社，2003年），『環境論』（産能大学：現産業能率大学，2001年），『汚染防止のための化学物質セーフティデータシート』（未来工研，1992年）など。

【共著】　『文科系学生のための科学と技術』（中央経済社，2004年），『現代先端法学の展開〔田島裕教授記念〕』（信山社，2001年），『薬剤師が行う医療廃棄物の適正処理』（薬業時報社：現じほう，1997年），『石綿代替品開発動向調査〔環境庁大気保全局監修〕』（未来工研，1990年），『21世紀KEYWORD』（東海大学出版会，2008年）など。

Horitsu Bunka Sha

グリーンサイエンス

2012年10月5日　初版第1刷発行

著　者　勝　田　　　悟

発行者　田　靡　純　子

発行所　株式会社　法律文化社

〒603-8053
京都市北区上賀茂岩ヶ垣内町71
電話 075(791)7131　FAX 075(721)8400
http://www.hou-bun.com/

＊乱丁など不良本がありましたら，ご連絡ください。
　お取り替えいたします。

印刷：西濃印刷㈱／製本：㈱藤沢製本
装幀：仁井谷伴子
ISBN 978-4-589-03459-5
Ⓒ 2012 Satoru Katsuda Printed in Japan

JCOPY　＜(社)出版者著作権管理機構　委託出版物＞

本書の無断複写は著作権法上での例外を除き禁じられています。複写される
場合は，そのつど事前に，(社)出版者著作権管理機構（電話03-3513-6969，
FAX03-3513-6979，e-mail:info@jcopy.or.jp）の許諾を得てください。

増田啓子・北川秀樹著

はじめての環境学〔第2版〕

A5判・224頁・3045円

私たちが直面するさまざまな環境問題を，まず正しく理解したうえで解決策を考える。歴史，メカニズム，法制度・政策などの観点から総合的に学ぶ入門書。初版（09年）以降の動向をふまえ，最新のデータにアップデート。

井上有一・今村光章編

環 境 教 育 学
――社会的公正と存在の豊かさを求めて――

A5判・212頁・2835円

既存の〈環境教育〉の限界と課題を根源的に問い直すなかで，真に求められている環境教育学には，「社会的公正」と「存在の豊かさ」という視座と社会変革志向が包含していることを提示する。持続可能な社会への役割は大きい。

勝田 悟著

環境保護制度の基礎〔第2版〕

A5判・206頁・2520円

環境保護のための諸制度を，資源利用の効率化，有害物質の拡散防止などの諸側面から解説する。地球温暖化防止に関する条約や食品の安全確保のための規制方法の変更など，初版（04年）以降の国内外の動向をふまえて改訂。

中野洋一著

〈原発依存〉と〈地球温暖化論〉の策略
――経済学からの批判的考察――

A5判・162頁・2310円

エネルギーを原発に依存する世界がつくられた背景に，産業界の利益と主要先進国の政治的意図があったことを実証的に暴く。また，〈地球温暖化論〉がエネルギーの〈原発依存〉を誘導する政治的政策の産物であることを批判的に検証。

遠州尋美・柏原 誠編著

低炭素社会への道程
――ドイツの経験と地球温暖化の政治・経済学――

A5判・242頁・2730円

08年の洞爺湖サミットの検証を通して，地球温暖化対策の論点を整理する。さらに環境先進国ドイツの取り組みと，第一線の研究者による今日の理論的到達点を示し，日本のとるべき姿勢と課題を示す。

田中則夫・増田啓子編

地球温暖化防止の課題と展望

A5判・320頁・5460円

京都議定書発効から数年が経ち，突きつけられた温暖化防止の課題に本格的にどう向き合っていくのかが問われている。政府から科学研究機関，NGO，地方自治体，企業，個人にいたるまですべての人々に求められる問題に理論的視点を与える書。

――法律文化社――

表示価格は定価（税込価格）です